建筑工程施工
与项目管理探析

金永飞◎著

中国出版集团

中译出版社

图书在版编目（CIP）数据

建筑工程施工与项目管理探析／金永飞著. -- 北京：
中译出版社，2023.12
ISBN 978-7-5001-7673-2

Ⅰ.①建… Ⅱ.①金… Ⅲ.①建筑工程-工程施工-
工程项目管理-研究 Ⅳ.①TU71

中国国家版本馆 CIP 数据核字（2024）第 009314 号

建筑工程施工与项目管理探析

JIANZHU GONGCHENG SHIGONG YU XIANGMU GUANLI TANXI

著　　者：金永飞
策划编辑：于　宇
责任编辑：于　宇
文字编辑：田玉肖
营销编辑：马　萱　钟筏童
出版发行：中译出版社
地　　址：北京市西城区新街口外大街 28 号 102 号楼 4 层
电　　话：（010）68002494（编辑部）
邮　　编：100088
电子邮箱：book@ctph.com.cn
网　　址：http://www.ctph.com.cn

印　　刷：北京四海锦诚印刷技术有限公司
经　　销：新华书店
规　　格：787 mm×1092 mm　1/16
印　　张：12
字　　数：238 千字
版　　次：2024 年 7 月第 1 版
印　　次：2024 年 7 月第 1 次印刷

ISBN　978-7-5001-7673-2　　　定价：68.00 元

前　言

建筑行业在我国经济发展中具有非常重要的作用，特别是对国家整体经济发展和人民大众的生活质量改善具有非常重要的意义，关系也十分密切。目前，随着时代和科技的进步，建筑行业发展迅速，竞争激烈。企业想要在市场竞争中不被淘汰、在行业中有一席之地就必须提高工程质量，提升市场竞争力。管理在任何行业都是至关重要的，建筑行业也不例外，施工管理的水平会直接影响工程的质量和安全。

我国建筑施工企业逐步形成了具有现代管理意义的工程项目施工管理。然而，随着建筑业的发展，新工艺、新技术、新材料、新装备不断出现，同时承担的新工程可能结构更复杂，功能更特殊，装修更新颖，从而促使生产技术水平再提高，技术装备越先进，技术管理要求越高，这也使得施工管理更显重要，同时建筑施工项目管理中的问题也逐渐凸显。因此，对建筑工程施工项目管理的研究有利于企业看清自身现状，同时探索管理新方法、发展新机遇。

本书深入浅出地对建筑工程施工与项目管理进行分析，适合建筑工程工作者及对此感兴趣的读者阅读。本书对建筑施工基础理论、建筑工程施工技术做了详细的介绍，让读者对建筑工程施工有初步的认知；对建筑工程项目管理，建筑工程项目成本、质量与进度管理等内容进行了深入的分析，让读者对工程项目管理有进一步的了解；着重强调了建筑工程项目环境、安全与信息管理、理论与实践相结合的方式。本书论述严谨，结构合理，条理清晰，内容丰富新颖，具有前瞻性，希望能够给从事相关行业的读者带来一些有益的参考和借鉴。

本书在写作过程中，参考和借鉴了一些知名学者和专家的观点，在此向他们表示深深的感谢。由于水平和时间所限，书中难免会出现不足之处，希望各位读者和专家能够提出宝贵意见，以待进一步修改，使之更加完善。

目　录

第一章　建筑施工基础理论

第一节　建筑施工组织设计概论

一、施工准备工作

建设项目施工前的准备工作是保证工程施工与安装顺利进行的重要环节，直接影响工程建设的速度、质量、生产效率以及经济效益，因此，必须予以重视。施工准备工作是为各个施工环节在事前创造必需的施工条件，这些条件是根据细致的科学分析和多年积累的施工经验确定的。制订施工准备工作计划要有一定的预见性，以利于排除一切在施工中可能出现的问题。

施工准备工作不是一次性的，而是分阶段进行的。开工前的准备工作比较集中且很重要，随着工程的进展，各个施工阶段、各分部分项工程及各工种施工之前，也都有相应的准备工作。准备工作贯穿于整个工程建设的全过程，每个阶段都有不同的内容和要求，对各阶段的施工准备工作应指定专人负责和逐项检查，切忌有施工准备工作一劳永逸的思想。

在施工组织设计文件中，必须列入施工准备工作占用的时间，对大型或技术复杂的工程项目，要专门编制施工准备工作的进度计划。

（一）技术准备工作

工程施工前，在技术上需要准备的工作有下列几项：

1. 熟悉和审查施工图以及有关设计文件

施工人员阅读施工图纸绝不能只是"大致"了解，对图纸上每一个细节都应彻底了解其设计意图，否则必然导致施工的失误。施工人员参加图纸会审有两个目的：一是了解设计意图并向设计人员质疑，询问图纸中不清楚的部分，直到彻底弄懂为止；二是指出图纸中的差错及不合理的部分或不符合国家制定的建设方针、政策的部分，并提出修改意见供设计人员参考。

施工图中的建筑图、结构图、水暖电管线及设备安装图等，有时由于设计时配合不好或会审不严而存在矛盾，此外，同一套图的先后图纸中也可能存在图形、尺寸、说明等方面的矛盾。遇到上述情况，施工人员必须提请设计人员做书面更正或补充，绝不能想当然地或擅自更改。

2. 掌握地形、地质、水文等资料

施工前编制施工组织设计的人员，要到现场实地调查地貌、地质、水文、气象等资料，还要对建设地区的社会、经济、生活等进行调查和分析研究。编制人员要掌握施工现场的第一手资料，并在施工组织设计文件中反映和妥善处理与实际相结合的问题。

3. 编制施工组织设计

施工组织设计本身就是施工准备工作的主要文件，所有施工准备的主要工作均集中反映在施工组织设计之中。欧美一些国家把我国施工组织设计的内容称为施工准备工作文件，例如德国的施工准备工作文件有三个特点：一是密切结合实际；二是有权威性，在工程备料、配备设备及实施的施工方法中，务必遵照执行经审批的施工准备工作文件；三是编入施工准备工作文件中的施工方案、设备选用等，均须进行技术经济分析，从中选择最优方案。

我国的建筑企业也十分重视施工组织设计，有些建筑企业严格规定，没有施工组织设计，工程不得开工。

4. 编制施工预算

在施工图预算的基础上，结合施工企业的实际施工定额和积累的技术数据资料编制施工预算，作为本施工企业基层工程队对该建设项目内部经济核算的依据。施工预算主要是用来控制工料消耗和施工中的成本支出。根据施工预算的分部分项工程量及定额工料用量，在施工中对施工班组签发施工任务单，实行限额领料及班组核算。

当前，多数建筑企业还没有建立和积累本企业的施工定额，绝大多数的施工预算都是应用地区施工定额编制的。编制施工预算要结合拟采用的施工方法、技术措施和节约措施进行。在施工过程中要按施工预算严格控制各项指标，以促进降低工程成本和提高施工管理水平。

施工预算是建筑企业内部管理与经济核算的文件。如果应用电子计算机编制预算，根据施工图纸将工程量一次输入，然后应用预算定额（或单位估价表）、地区施工定额及本企业的施工定额这三种文件，即可输出三种不同的预算，即施工图预算、施工预算及本企业实际的工料和成本分析。根据这些预算文件在施工过程中进行严格控制，实行限额领

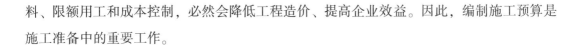

料、限额用工和成本控制，必然会降低工程造价、提高企业效益。因此，编制施工预算是施工准备中的重要工作。

（二）施工现场准备工作

在工程开工前，为了给施工创造条件，必须做好以下准备工作：

1. 做好"三通一平"

"三通一平"是指在建设工程用地的范围内修通道路、接通水源、接通电源及平整场地。对于一个建设项目，尤其是大中型建设项目而言，"三通一平"的工程量较大。一方面，为了尽早开工，在不影响施工的情况下，"三通一平"工作可以分段分批完成，不必强调全部完成后才能开工。另一方面，也要防止借故拖延"三通一平"，给工程施工造成困难，应根据实际情况和条件，妥善安排。

临时道路可结合永久性道路提前修筑。此外，还要考虑场外的运输道路和桥涵的修筑或加固，必要时还要考虑设置转运站等中转仓库。要重视施工场地的排水问题，特别要注意安排好雨季的排洪措施，在雨季到来之前修好排洪沟、泄水洞、挡土墙等工程，也可考虑在雨季到来之前运入材料。如果利用水路运输，在航道封冻之前应将材料基本运到。

施工用电要考虑到最大负荷的容量，如果供电系统不能满足需求时，还要考虑自行发电或采取其他措施。

另外，还要考虑建筑垃圾、弃土的清除，载重运输汽车开往城市工地的通道，避免施工排水堵塞城市下水道的措施，以及打桩对邻近建筑物将产生的不良影响等。

2. 建造好施工用的临时设施

施工用临时设施有临时仓库、车库、办公室、宿舍、休息室、食堂、施工附属设施（各种加工厂、搅拌站等），应本着节约原则，合理计算需要的数量，在工程开工前建造好。

3. 工程定位

施工人员在开工前要先确定建筑物在场地上的位置。确定位置的方法是根据建筑物的坐标值或根据它与原有建筑物、道路或征地红线坐标点的相对距离来测设并进行复核。建筑物、管道及地坪的标高根据竖向设计来确定，在工地上要设置平面控制点及高程控制点。

（三）物资与施工机械的准备工作

施工管理人员须尽早计算出各阶段对材料、施工机械、设备、工具等的需用量，并说明供应单位、交货地点、运输方法等，特别是对预制构件，必须尽早从施工图中摘录出构件的规格、质量、品种和数量，制表造册，向预制加工厂订货并确定分批交货清单和交货地点。对大型施工机械、辅助机械及设备要精确计算工作日并确定进出场时间，做到进场后立即使用，用毕立即退场，提高机械利用率，节省机械台班费及停留费。

物资准备的具体内容有：①对主要材料尽早申报数量、规格，落实地方材料来源，办理订购手续，对特殊材料须确定货源或安排试制；②提出各种资源分期分批进入现场的数量、运输方法和运输工具，确定交货地点、交货方式（例如水泥是袋装还是散装）、卸车设备，各种劳力和所需费用均须在订货合同中说明；③订购生产用的工业设备时，要注意交货时间与土建进度密切配合，因为某些庞大设备的安装往往要与土建施工穿插进行，如果土建全部完成或封顶后，安装会有困难，故各种设备的交货时间要与安装时间密切结合，它将直接影响建设工期；④尽早提出预埋铁件、钢筋混凝土预制构件及钢结构的数量和规格，对某些特殊的或新型的构件需要进行研究和试制；⑤安排进场材料、构件及设备等的堆放地点，严格验收，检查、核对其数量和规格；⑥施工机械、设备的安装及调试。

（四）施工队伍准备

根据工程项目，核算各工种的劳动量，配备劳动力，组织施工队伍，确定项目负责人。对特殊的工种须组织调配或培训，对职工进行工程计划、技术和安全交底。

施工准备工作是根据施工条件、工程规模、技术复杂程度来制定的。一般的单项工程须完成以下准备工作方能开工。

（1）施工图经过会审，并对存在的问题已作修正，所编制的施工组织设计已批准，施工预算已编制完毕。

（2）"三通一平"已能满足工程开工的要求，材料、成品、半成品、设备能保证连续施工的需要。

（3）开工后立即需要使用的施工机械、设备已进场并能保证正常运转。工地上的临时设施已基本满足施工与生活的需要。

（4）已配备好施工队伍，并经过必要的技术安全教育，工地消防、安全设施齐备。

二、施工组织设计概念

（一）施工组织设计的任务与作用

作为国民经济中的一个独立的物质生产部门，建筑业已成为我国国民经济中重要的支柱产业，担负着当前国家经济发展与工程建设的重大任务。建筑施工是工程建设的重要组成部分，是在工程建设中历时最长和耗用物资、财力及劳动力最多的一个阶段。因此，在工程建设项目施工前必须做好一切准备工作，"施工组织设计"就是准备工作中的一项重要文件。在基本建设的各个阶段中，必须编制相应的施工组织设计文件，并且要经过有关部门的审核、签证后方能施工，即工程建设必须遵循经批准的"施工组织设计"。施工组织设计的内容与任务，在本书中将全面、系统地讨论与介绍。

我国基本建设程序中把施工组织设计作为必要的文件。我国第一个五年计划期间，在某些大中型工业建设工程中，开始推行施工组织设计，并取得了较大的成效。从此以后，"建筑施工组织设计"在我国逐渐全面推广。新中国成立以来，经历无数建设工程项目的实践考验和革新，以往不少陈旧的、传统的规程、文件、方法在不断改革中得到更新、发展或被否定。唯独"施工组织设计"在工程建设中始终得到肯定和使用，被公认是施工中不可缺少的、必须遵循的技术经济文件。无数实践证明，它绝不是一种形式，而是切实必要的文件。没有施工组织设计或施工组织设计编制得不好、审核得不严，都将给工程建设带来种种损失，并使质量、工期、安全得不到保证。经过多年来的工程实践，我国已积累了丰富的经验，使"施工组织设计"日趋充实、完善，并增加了许多现代的先进科学技术。

施工组织设计文件是实践中总结出来的经验，也是工程施工中必须遵循的客观规律，任何违背这种规律的做法，必然会延缓施工速度，且难以保证工程质量与施工安全，造成施工中人力、物力的浪费，直接影响国民经济建设的成效。因此，研究建筑施工组织设计的理论及其在实际工程建设中的应用，有重要意义。

施工组织设计是指导拟建工程施工全过程的基本技术经济文件，它对工程施工的全过程进行规划和部署，制订先进合理的施工方案和技术组织措施，确定施工顺序和流向，编制施工进度，计划各种资源的需要和供应，合理安排现场平面布置。总体的施工组织设计是实施建设项目的总的战略部署，如同作战的总体规划，对项目的建设起控制作用。一个具体的建筑物单体的施工组织设计，是单个工程项目施工的战术安排，对工程的施工起指导作用。以上两者总称为建设项目的施工组织设计。

施工组织设计是长期工程建设实践的总结，是组织建筑工程施工的客观规律，必须遵照执行，否则必然导致损失，如产生拖延工期、质量不符要求、停工待料、施工现场混乱、材料物资浪费等现象，甚至出现安全事故。

要完成一个建设项目都要考虑原材料、施工方法、设备工具、工期、成本，对这些问题科学地、有条理地加以安排，才能获得好的效果，特别要安排好劳动力、材料、设备、资金及施工方法这五个主要的施工因素。在特定条件的建筑工地上和规定工期的时间内，如何用最少的消耗取得最大的效益，也就是使工程质量高、功能好、工期短、造价低并且是安全、文明施工？这就需要很好地总结以往的施工经验，采用先进、科学的施工方法与组织手段，合理地安排劳动力和施工机械，通过吸收各方面的意见，精密规划、设计、计算，进行分析研究，最后得出的一个书面文件，即是建设项目的施工组织设计。由此可见，施工组织设计的任务就是根据建设工程的要求、工程实际施工条件和现有资源量的情况，拟订出最优的施工方案，在技术和组织上做好全面而合理的安排，以保证建设项目优质、经济和安全。

由于建设项目的类型各异，建造的地点与施工条件不同，工期的要求亦不一样，因此施工方案、进度计划、施工现场布置、各种施工业务组织也不相同。施工组织设计就是在这些不同因素的特定条件下，拟订若干个施工方案，然后进行技术经济比较，从中选出最优方案，包括选用施工方法与施工机械最优、施工进度与成本最优、劳动力和资源组织最优、全工地性业务组织最优以及施工平面布置最优等。只有遵照我国的基建方针政策，并从实际条件出发，才能编制出切合实际的施工组织设计。

编制一个好的施工组织设计，并在工程施工中切实贯彻落实，就能协调好各方面的关系，统筹安排各个施工环节，使复杂的施工过程有条理地按科学程序进行，也就必然能使建设项目顺利完成。由此可见，建设项目的施工组织设计编制得成功与否，直接影响基本建设投资的效益，它对我国国民经济建设有深远的意义。

（二）施工组织设计的种类

施工组织的目的是最有效、经济、合理，有节奏、文明、安全地组织工程项目的施工，并正确贯彻国家建设方针政策和技术经济政策。从建设工程项目全局出发，从技术和经济的统一性出发，力求达到在技术上是先进的、在经济上是合理的，并以最少的消耗取得最大的效益，从而保质、保量、迅速、安全地实现工程项目。

施工组织设计是在工程项目施工前必须完成并经审核批准的文件，是包括施工准备工作在内的，对工程项目施工全过程的控制性、指导性、实施性文件。在工程建设的各个阶段，要提出相应的施工组织设计文件。如在初步设计阶段，对整个建设项目或民用建筑群编制施工组织总设计，目的是对整个项目的施工进行通盘考虑、全面规划，用以控制全场性的施工准备和有计划地运用施工力量，开展施工活动。其作用是确定拟建项目的总施工期限、施工顺序、主要施工方法、各种临时设施的需要量及现场总的布置方案等，并提出各种技术物资的需要量，为施工准备创造条件。在施工图设计阶段，对单位工程编制单位工程施工组织设计，它是用以直接指导单位工程或单项工程施工的文件，具体安排人力、物力和建筑安装工作，是施工单位编制作业计划和制订季（月）度施工计划的重要依据。对某些特别重要的和复杂的，或者缺乏施工经验的分部工程（如复杂的基础工程、特大构件吊装工程、大型土石方工程等），还应为该分部工程编制专门的、更为详尽的施工作业设计。

施工组织总设计是对整个建设项目的通盘规划，是以施工项目为对象编制的，用以指导施工的技术、经济和管理的综合性文件，是带有全局性的技术经济文件。因此，应首先考虑和制定施工组织总设计，作为整个建设项目施工的全局性指导文件。在总的指导文件规划下，再深入研究各个单位工程，对其中的主要建筑物分别编制单位工程的施工组织设计。就单位工程而言，对其中技术极复杂或结构特别重要的分部工程，还需要根据实际情况编制若干分部工程的施工作业设计。

工程项目施工组织、进行施工准备及编制施工组织设计，必然要涉及建筑企业的经营管理问题，并对建筑施工方案进行技术经济效果评价，以选择最优的施工方案。此外，还要在全面了解各种建筑施工技术方案的条件下，结合实际对所提出的施工方案进行比较。对施工方案进行技术经济效果比较、优化是编制施工组织设计的重要组成部分。

要组织好一项工程的施工，施工管理人员和基层领导必须注意了解各种建筑材料、施工机械与设备的特性，懂得房屋及构筑物的受力特点、构造和结构，能准确无误地看懂施工图纸，并掌握各种施工方法。这样才能做好施工管理工作，才能选择最有效、最经济的方法来组织施工，才能获得最优效果。

建筑施工组织设计文件的编制工作，可广泛运用数学方法、网络技术和计算技术等定量方法，借助现代化的计算手段——电子计算机来处理，将长年累月积累的各种技术经济资料进行归纳、分析、总结，并对工程进度、工期、施工方法等进行技术经济方案比较，选择最优方案，作为同类建筑物施工组织的依据。

各施工单位应根据自身的条件和拥有的资料、数据，研制专用的"施工组织设计"软件，以简化编制施工组织设计工作。将施工组织设计与施工图预算、施工预算、签发任务单、成本控制、财务核算、工程决算等连成一个工程项目的软件包，就能实现施工组织设计和施工组织管理的现代化，提高施工组织设计的编制水平和实施效果。

施工组织设计的定型化、标准化是本学科研究的另一新课题。在收集各种类型建筑工程施工的技术经济数据的基础上，总结施工经验，归纳出最优的施工方案，供编制各类建筑工程的标准施工组织设计参考。编制标准施工组织设计可以节省分别编制各工程项目施工组织设计的时间，并能提高施工组织设计的质量。

根据基本建设各个不同阶段建设工程的规模、工程特点以及工程的技术复杂程度等因素，可相应地编制不同深度与各种类型的施工组织设计。因此，施工组织设计是一个总名称，其按编制对象可分为施工组织条件设计、施工组织总设计、单位工程施工组织设计和施工方案。

1. 施工组织条件设计

施工组织条件设计是从施工角度分析拟建工程设计的技术可行性与经济合理性，同时做出轮廓的施工规划，并提出在施工准备阶段首先要进行的工作。施工条件设计是初步设计的一个组成部分，主要由设计单位进行编制。

2. 施工组织总设计

施工组织总设计是以若干单位工程组成的群体工程或特大型项目为主要对象编制的施工组织设计，对整个项目的施工过程起统筹规划、重点控制的作用。施工组织总设计的目的是对整个工程施工进行通盘考虑、全面规划，用来指导全场性的施工准备和有计划地运用施工力量开展施工活动。其作用是确定拟建项目的施工期限、施工顺序、主要施工方法、各种临时设施的需要量及现场总的布置方案等，并提出各种技术物资的需要量，为施工准备创造条件。施工组织总设计应在扩大初步设计批准后，依据扩大初步设计和现场施工条件，由建设总承包单位组织编制。当前对新建的大型工业企业的建设，有以下三种情况：第一种是成立工程项目管理机构，在工程项目经理的领导下，对整个工程的规划、可行性研究、设计、施工、验收、试运转、交工等负全面责任，并由这个机构来组织编制施工组织总设计；第二种是由工程总承包单位（或称总包）会同并组织建设单位、设计单位及工程分包单位共同编制，由总包单位负责；第三种是当总包单位并非是一个建筑总公司，没有力量来编制施工组织总设计时，由建设单位委托监理公司来编制施工组织总设计。

3. 单位工程施工组织设计

单位工程施工组织设计是以单位（子单位）工程为主要对象编制的施工组织设计，对单位（子单位）工程的施工过程起指导和制约作用。它是在施工组织总设计和施工单位的施工部署的指导下，具体安排人力、物力和建筑安装工作，是施工单位编制作业计划和制订季度或月施工计划的重要依据。单位工程施工组织设计是在施工图设计完成并经过会审以后，以施工组织总设计、施工图和施工条件为依据，由施工承包单位负责编写的。

4. 施工方案（也称分部分项工程施工条件设计）

规模较大或结构复杂的单位工程，在工程施工阶段对其中某些分部工程，如大型设备基础、大跨度的屋盖吊装、有特殊要求的工种工程或大型土方工程等，在以上分部工程施工前，应根据单位工程施工组织设计来编制施工作业设计。

施工方案是以分部分项工程或专项工程为主要对象编制的施工技术与组织方案，用以具体指导其施工过程。这是对单位工程施工组织设计中的某项分部工程更深入细致的施工设计，只有在技术复杂的工程或大型建设工程中才需编制。分部工程的施工作业设计是根据单位工程施工组织设计中对该分部工程的约束条件，并考虑其前后相邻分部工程对该分部工程的要求，尽可能为其后的工程创造条件。对一般性建筑的分部工程不必专门编制作业设计，只需包括在单位工程施工组织设计中即可。尤其是对常规的施工方法，施工单位已十分熟悉的，只需加以说明即可。总之，一切从实际需要和效果出发。施工组织设计的深度与广度应随不同施工项目的不同要求而异。根据住房和城乡建设部颁布的《危险性较大的分部分项工程安全管理规定》，凡是在工程建设中出现危险性较大的分部分项工程时，必须编制危险性较大的分部分项工程专项施工方案，对于超过一定规模的危险性较大工程，施工单位应当组织召开专家论证会对专项施工方案进行论证。

（三）施工组织设计的内容

各种类型施工组织设计的内容是根据建设工程的范围、施工条件及工程特点和要求来确定的，这是就施工组织设计的深度与广度而言的。施工组织设计应包括编制依据、工程概况、施工部署、施工进度计划、施工准备与资源配置计划、主要施工方法、施工现场平面布置及主要施工管理计划等基本内容。

1. 建设项目的工程概况和施工条件

施工组织设计的第一部分要将本建设项目的工程情况作简要说明，有如下内容：

工程简况：结构形式、建筑总面积、概（预）算价格、占地面积、地质概况等。

施工条件：建设地点、建设总工期、分期分批交工计划、承包方式、建设单位的要求、承建单位的现有条件、主要建筑材料供应情况、运输条件及工程开工尚须解决的主要问题。

对上述情况要进行必要的分析，并考虑如何在本施工组织设计中做相应的处理。

2. 施工部署及施工方案

施工部署是施工组织总设计中对整个建设项目全局性的战略意图；施工方案是单位工程或分部工程中某项施工方法的分析，例如某现浇钢筋混凝土框架的施工，可以列举若干种施工方案，对这些施工方案耗用的劳动力、材料、机械、费用以及工期等在合理组织的条件下，进行技术经济分析，从中选择最优方案。

3. 施工进度计划及施工准备与资源配置计划

应用流水作业或网络计划技术，根据实际条件，合理安排工程的施工进度计划，使其达到工期、资源、成本等的要求。根据施工进度及建设项目的工程量，可提出劳动力、材料、机械设备、构件等的资源配置计划。

4. 施工总平面布置

在施工现场合理布置仓库、施工机械、运输道路、临时建筑、临时水电管网、围墙、门卫等，并要考虑消防安全设施，最后设计出全工地的施工总平面图或单位工程、分部工程的施工总平面布置图。

5. 主要施工管理计划

这是施工组织设计所必须考虑的内容，应结合工程的具体情况拟定出保证工程质量的技术措施和安全施工的安全措施。

6. 施工组织设计的主要技术经济指标

这是衡量施工组织设计编制水平的一个标准，包括劳动力均衡性、工期、劳动生产率、机械化程度、机械利用率、成本等指标。

第二节　流水施工基本原理

一、流水施工概述

（一）流水施工的基本概念

1. 流水施工的概念

流水施工为工程项目组织实施的一种管理形式，就是由固定组织的工人在若干个工作性质相同的施工环境中依次连续工作的一种施工组织方法。工程施工中，可以采用依次施工（亦称顺序施工法）、平行施工和流水施工等组织方式。对于相同的施工对象，采用不同的作业组织方法时，其效果也各不相同。

2. 流水施工的步骤

流水施工组织的具体步骤是：将拟建工程项目的全部建造过程，在工艺上分解为若干个施工过程，在平面上划分为若干个施工段，在竖向上划分为若干个施工层，然后按照施工过程组建专业工作队（或组），并使其按照规定的顺序依次连续地投入各施工段，完成各个施工过程；当分层施工时，第一施工层各个施工段的相应施工过程全部完成后，专业工作队依次、连续地投入到第二、第三……第 n 施工层，有节奏、均衡、连续地完成工程项目的施工全过程，这种施工组织方式称为流水施工。

3. 组织施工的基本方式

常见的建设项目组织施工的基本方式有三种：依次施工、平行施工和流水施工。

（1）依次施工：依次施工也称顺序施工，即指前一个施工过程（或工序或偿栋房屋）完工后才开始下一施工过程，一个过程紧接着一个过程依次的施工下去，直至完成全部施工过程。

特点：①现场作业单一；②每天投入的资源量少，但工期长；③各专业施工队不能连续施工，产生窝工现象；④不利于均衡组织施工。

（2）平行施工：指工程对象的所有施工过程同时投入作业的一种施工组织方式。也指几个相同的工作队，在同一时间、不同的空间上进行施工的组织方式。

特点：工期短，资源强度大，存在交叉作业，有逻辑关系的施工过程之间不能组织平行施工。

（3）流水施工：流水施工为工程项目组织实施的一种管理形式，就是由固定组织的工人在若干个工作性质相同的施工环境中依次连续地工作的一种施工组织方法。

特点：①科学地利用了工作面，争取了时间，总工期趋于合理；②工作队及其工人实现了专业化生产，有利于改进操作技术，可以保证工程质量和提高劳动生产率；③工作队及其工人能够连续作业，相邻两个专业工作队之间，可实现合理搭接；④每天投入的资源量较为均衡，有利于资源供应的组织工作；⑤为现场文明施工和科学管理创造了有利条件。

4. 流水施工的组织条件与经济效果

（1）组织流水施工的条件

流水施工是将拟建工程分成若干个施工段落，并给每一施工过程配以相应的工人班组，让他们依次连续地投入到每一个施工段完成各自的任务，从而达到有节奏的均衡施工。流水施工的实质就是连续、均衡施工。

组织建筑施工流水作业，必须具备以下四个条件。

①把建筑物尽可能划分为工程量大致相等的若干个施工段。

划分施工段（区）是为了把庞大的建筑物（建筑群）划分成"批量"的"假定产品"，从而形成流水施工的前提

②把建筑物的整个建筑过程分解为若干个施工过程，每个施工过程组织独立的施工班组进行施工。

③安排主要施工过程的施工班组进行连续、均衡地施工。

对工程量较大、施工时间较长的施工过程，必须组织连续、均衡地施工，对其他次要施工过程，可考虑相邻的施工过程合并或在有利于缩短工期的前提下，安排其间断施工。

④不同施工过程按施工工艺，尽可能组织平行搭接施工。

按照施工先后顺序要求，在有工作面的条件下，除必要的技术和组织间歇时间外，尽可能组织平行搭接施工。

（2）流水施工的经济效果

流水施工是在工艺划分、时间排列和空间布置上的统筹安排，使劳动力得以合理使用，资源需要量也较均衡，这必然会带来显著的技术经济效果，主要表现在以下几个方面。

①由于流水施工的连续性，减少了专业工作的间隔时间，达到了缩短工期的目的，可使拟建工程项目尽早竣工、交付使用，发挥投资效益。

②便于改善劳动组织，改进操作方法和施工机具，有利于提高劳动生产率。

③专业化的生产可提高工人的技术水平，使工程质量相应提高。

④工人技术水平和劳动生产率的提高，可以减少用工量和施工临时设施的建造量，降低工程成本，提高利润水平。

⑤可以保证施工机械和劳动力得到充分、合理的利用。

⑥由于工期短、效率高、用人少、资源消耗均衡，可以减少现场管理费和物资消耗，实现合理储存与供应，有利于提高项目经理部的综合经济效益。

5. 流水施工的分类

按照流水施工组织的范围划分，流水施工通常可分为以下几种。

（1）分项工程流水施工

分项工程流水施工也称为细部流水施工，即一个工作队利用同一生产工具，依次、连续地在各施工区域中完成同一施工过程的工作，如浇筑混凝土的工作队依次连续地在各施工区域完成浇筑混凝土的工作，即为分项工程流水施工。

（2）分部工程流水施工

分部工程流水施工也称为专业流水施工，是在一个分部工程内部、各分项工程之间组织的流水施工。例如某办公楼的钢筋混凝土工程是由支模、绑钢筋、浇混凝土等三个在工艺上有密切联系的分项工程组成的分部工程施工时，将该办公楼的主体部分在平面上划分

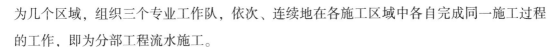

为几个区域，组织三个专业工作队，依次、连续地在各施工区域中各自完成同一施工过程的工作，即为分部工程流水施工。

（3）单位工程流水施工

单位工程流水施工也称为综合流水施工，它是在一个单位工程内部、各分部工程间组织起来的流水施工。如一幢办公楼、一个厂房车间等组织的流水施工。

（4）群体工程流水施工

群体工程流水施工也称为大流水施工。它是在一个个单位工程之间组织起来的流水施工。它是为完成工业或民用建筑而组织起来的全部单位流水施工的总和根据流水施工的节奏不同，流水施工通常可分为等节奏流水施工、异节奏流水施工和无节奏流水施工。

（二）流水施工参数的确定

1. 概述

在组织流水施工时，用以表达流水施工在工艺流程、空间布置、时间安排等方面的特征和各种数量关系的参数，称为流水施工参数。只有对这些参数进行认真的、有预见的研究和计算，才可能成功地组织流水施工。在施工组织设计中，一般把流水施工参数分为三类，即工艺参数、空间参数和时间参数。

2. 工艺参数

工艺参数是指在组织流水施工时，用来表达施工工艺开展的顺序及其特征的参数，包括施工过程数和流水强度两种参数。

（1）施工过程数

施工过程所包含的施工内容，既可以是分项工程或者分部工程，也可以是单位工程或者单项工程。施工过程数量用 n 来表示，它的多少与建筑的复杂程度以及施工工艺等因素有关，依据工艺性质不同，施工过程可以分为三类：

①制备类施工过程

制备类施工过程是指为加工建筑成品半成品或为提高建筑产品的加工能力而形成的施工过程，如钢筋的成型、构配件的预制以及砂浆和混凝土的制备过程。

②运输类施工过程

运输类施工过程是指把建筑材料、成品半成品和设备等运输到工地或施工操作地点而形成的施工过程。

③砌筑安装类施工过程

砌筑安装类施工过程是指在施工对象的空间上，进行建筑产品最终加工而形成的施工过程，例如砌筑工程、浇筑混凝土工程、安装工程和装饰工程等施工过程。

在组织施工现场流水施工时，砌筑安装类施工过程占有主要地位，直接影响工期的长短，因此必须列入施工进度计划表。由于制备类施工过程和运输类施工过程一般不占有施工对象的工作面，不影响工期，因而一般不列入流水施工进度计划表。

（2）流水强度（V）

流水强度指某一施工过程在单位时间内能够完成的工程量。它取决于该施工过程投入的工人数和机械台数及劳动生产率（定额）。

3. 空间参数

空间参数是指在组织流水施工时，用以表达流水施工在空间上开展状态的参数，主要包括工作面、施工段和施工层。

（1）工作面

工作面是指安排专业工人进行操作或者布置机械设备进行施工所需的活动空间。工作面根据专业工种的计划产量定额和安全施工技术规程确定，反映了工人操作、机械运转在空间布置上的具体要求。在施工作业时，无论是人工还是机械都需有一个最佳的工作面，才能发挥最佳效率。

最小工作面对应安排的施工人数和机械数是最多的。它决定了某个专业队伍的人数及机械数的上限，直接影响某个工序的作业时间，因而工作面确定的合理性直接关系到作业效率和作业时间。表1-1列出了主要专业工种工作面的参考数据。

表1-1　主要专业工种工作面参考数据

工作项目	每个技工的工作面	说明
砖基础	7.6米/人	以1砖半计，2砖乘以0.8，3砖乘以0.5
砌砖墙	8.5米/人	以1砖半计，2砖乘以0.71，3砖乘以0.57
砌毛石墙基	3米/人	以60厘米计
砌毛石墙	3.3米/人	以60厘米计
浇筑混凝土柱、墙基础	8立方米/人	机拌、拌捣
浇筑混凝土设备基础	7立方米/人	机拌、拌捣
现浇钢筋混凝土柱	2.5立方米/人	机拌、拌捣
现浇钢筋混凝土梁	3.2立方米/人	机拌、拌捣
现浇钢筋混凝土墙	5立方米/人	机拌、拌捣
现浇钢筋混凝土楼板	5.3立方米/人	机拌、拌捣

工作项目	每个技工的工作面	说明
预制钢筋混凝土柱	3.6 立方米/人	机拌、拌捣
预制钢筋混凝土梁	3.6 立方米/人	机拌、拌捣
预制钢筋混凝土屋架	2.7 立方米/人	机拌、拌捣
预制钢筋混凝土平板、空心板	1.91 立方米/人	机拌、拌捣
预制钢筋混凝土大型屋面板	2.62 立方米/人	机拌、拌捣
浇筑混凝土地坪及面屋	40 平方米/人	机拌、拌捣
外墙抹灰	16 平方米/人	—
内墙抹灰	18.5 平方米/人	—
做卷材屋面	18.5 平方米/人	—
做防水水泥砂浆屋面	16 平方米/人	—
门窗安装	11 平方米/人	—

（2）施工段（m）

①施工段的概念

为方便组织流水施工，将施工对象在平面上划分为若干个劳动量大致相等的施工区段，这些施工区段称为施工段。在流水施工中，用 m 来表示施工段的数目。

②划分施工段的原则

在同一时间内，一个施工段只能容纳一个专业施工队施工，不同的专业施工队在不同施工段上平行作业，所以，施工段数量将直接影响流水施工的效果。合理划分施工段，一般应遵循以下原则：

A. 各施工段的劳动量基本相等，以保证流水施工的连续性、均衡性和节奏性。各施工段劳动量相差不宜超过 10%~15%。

B. 应满足专业工种对工作面的空间要求，以发挥人工、机械的生产作业效率，因而施工段不宜过多，最理想的情况是平面上的施工段数与施工过程相等。

C. 有利于结构的整体性，施工段的界限应尽量与结构的变形缝一致。

D. 尽量使各专业队（组）连续作业，这就要求施工段数与施工过程数相适应。划分施工段数应尽量满足下列要求：

$$m \geqslant n$$

式中，m 是每层的施工段数，n 是每层参加流水施工的施工过程数或作业班组总数。

当 $m > n$ 时，各专业队（组）能连续施工，但施工段有空闲。

当 $m = n$ 时，各专业队（组）能连续施工，各施工段上也没有闲置。这种情况是最理想的。

当 $m < n$ 时，对单幢建筑物组织流水时，专业队（组）就不能连续施工而产生窝工现象。但在数幢同类型建筑物的建筑群中，可在各建筑物之间组织大流水施工。

在工程项目实际施工中，若某些施工过程需要技术与组织间歇，则可用公式（1-1）确定每层的最少施工段数：

$$m_{\min} = n + \frac{\sum Z}{K} \tag{1-1}$$

式中：$\sum Z$——某些施工过程要求的间歇时间的总和。

K——流水步距。

（3）施工层（j）

对于多层建筑物、构筑物，应既分施工段，又分施工层。

划分施工层是指为组织多层建筑物的竖向流水施工，在垂直方向上将建筑物划分为若干区段，用 j 来表示施工层的数目，通常以建筑物的结构层作为施工层，有时为方便施工，也可以按一定高度划分一个施工层，例如单层工业厂房砌筑工程一般按 $1.2 \sim 1.4$m（即一步脚手架的高度）划分为一个施工层。

4. 时间参数

时间参数是指用来表达组织流水施工时，各施工过程在时间排列上所处状态的参数。主要包括流水节拍、流水步距、间歇时间、组织搭接时间及流水施工工期。

（1）流水节拍（t）

①定义

流水节拍是指一个施工过程（或作业队伍）在一个施工段上作业持续的时间，用 t 表示，其大小受到投入的劳动力、机械及供应量的影响，也受到施工段大小的影响。

②流水节拍的计算

根据资源的实际投入量计算，其计算式如下：

$$t_i = \frac{Q_i}{S_i \cdot R_i \cdot a} = \frac{Q_i \cdot Z_i}{R_i \cdot a} = \frac{P_i}{R_i \cdot a} \tag{1-2}$$

式中：t_i——流水节拍。

Q_i——施工过程在一个施工段上的工程量。

S_i——完成该施工过程的产量定额。

Z_i——完成该施工过程的时间定额。

R_i——参与该施工过程的工人数或施工机械台数。

P_i——该施工过程在一个施工段上的劳动量。

a——每天工作班次。

③根据施工工期确定流水节拍

流水节拍的大小对工期有直接影响，通常在施工段数不变的情况下，流水节拍越小，工期就越短，当施工工期受到限制时，就应从工期要求反求流水节拍，然后用公式（1-2）求得所需的人数或机械数，同时检查最小工作面是否满足要求及人工机械供应的可行性。若检查发现按某一流水节拍计算的人工数或机械数不能满足要求，供应不足，则可采取延长工期的方法从而增加大流水节拍，减少人工、机械的需求量，以满足实际的资源限制条件，若工期不能延长则可增加资源供应量或采取一天多班次（最多3次）作业的方式以满足要求。

（2）流水步距（K）

①定义

流水步距是指相邻两施工过程（或作业队伍）先后投入流水施工的时间间隔，一般用K表示。

②确定流水步距应考虑的因素

流水步距应根据施工工艺、流水形式和施工条件来确定，在确定流水步距时应尽量满足以下要求：

A. 始终保持两施工过程间的顺序施工，即在一个施工段上，前一施工过程完成后，下一施工过程方能开始。

B. 任何作业班组在各施工段上必须保持连续施工。

C. 前后两施工过程的施工作业应能最大限度地组织平行施工。

（3）间歇时间（t_j）

①技术间歇

在流水施工中，除了考虑两相邻施工过程间的正常流水步距外，有时应根据施工工艺的要求考虑工艺间合理的技术间歇时间。如混凝土浇筑完成后应养护一段时间才能进行下一道工艺，这段养护时间即为技术间歇，它的存在会使工期延长。

②组织间歇

组织间歇时间是指施工中由于考虑施工组织的要求，两相邻的施工过程在规定的流水步距以外增加的必要时间间隔，以便施工人员对前一施工过程进行检查验收，并为后续施工过程做出必要的技术准备工作等。如基础混凝土浇筑并养护后，施工人员必须进行主体结构轴线位置的弹线等。

（4）组织搭接时间（t_d）

组织搭接时间是指施工中由于考虑组织措施等原因，在可能的情况下，后续施工过程在规定的流水步距以内提前进入该施工段进行施工的时间，这样工期可进一步缩短，施工更趋合理。

（5）流水工期（T）

流水工期（T）是指一个流水施工中，从第一个施工过程（或作业班组）开始进入流水施工，到最后一个施工过程（或作业班组）施工结束所需的全部时间。一般采用公式（1-3）计算完成一个流水组的工期。

$$T = \sum K_{i,\ i+1} + T_i + \sum Z_{i,\ i+1} - \sum C_{i,\ i+1} \qquad (1-3)$$

式中：T——流水施工工期。

　　$\sum K_{i,\ i+1}$——流水施工中各流水步距之和。

T_i——流水施工中最后一个施工过程的持续时间。

$Z_{i,\ i+1}$——第 i 个施工过程与第 $i+1$ 个施工过程之间的间歇时间。

$C_{i,\ i+1}$——第 i 个施工过程与第 $i+1$ 个施工过程之间的组织搭接时间。

二、流水施工的组织方式

（一）流水施工分类

根据施工的节奏特征，流水施工可划分为有节奏流水施工和无节奏流水施工。有节奏流水施工又可分为等节奏流水施工和异节拍流水施工。

（二）等节奏流水施工

等节奏流水施工也叫全等节拍流水施工或固定节拍流水施工，是指在组织流水施工时，各施工过程在各施工段上的流水节拍全部相等。等节奏流水有以下基本特征：施工过程本身在各施工段上的流水节拍都相等；各施工过程的流水节拍彼此都相等；当没有平行搭接和间歇时，流水步距等于流水节拍。等节奏流水施工根据流水步距的不同可分为两种类型：

1. 等节奏等步距流水施工

等节奏等步距流水施工即各流水步距值均相等，且等于流水节拍值的一种流水施工方式。各施工过程之间没有技术与组织间歇时间（$Z = 0$），也不安排相邻施工过程在同一施工段上的搭接施工（$C = 0$）。有关参数计算如下：

（1）流水步距的计算

这种情况下的流水步距都相等且等于流水节拍，即 $K = t$。

（2）流水工期的计算

因为 $\sum K_{i,\ i+1} = (n-1)t$，$T_n = mt$，所以

$$T = \sum K_{i,\ i+1} + T_n = (n-1)t + mt = (m+n-1)t \qquad (1\text{-}4)$$

全等节拍流水施工，一般只适用于施工对象结构简单、工程规模较小、施工过程数不太多的房屋工程或线型工程，如道路工程、管道工程等。

2. 等节拍不等步距流水施工

等节拍不等步距流水施工即各施工过程的流水节拍全部相等，但各流水步距不相等（有的步距等于节拍，有的步距不等于节拍）。这是各施工过程之间，有的需要有技术与组织间歇时间，有的可以安排搭接施工所致。有关参数计算如下：

（1）流水步距的计算

这种情况下的流水步距 $K_{i,\ i+1} = t_i + (Z_1 + Z_2 - C)$。

（2）流水工期的计算

因为 $\sum K_{i,\ i+1} = (n-1)t + \sum Z_1 + \sum Z_2 - \sum C$，$T_n = mt$，所以

$$\begin{aligned} T &= (n-1)t + \sum Z_1 + \sum Z_2 - \sum C + mt \\ &= (m+n-1)t + \sum Z_1 + \sum Z_2 - \sum C \end{aligned} \qquad (1\text{-}5)$$

（三）异节奏流水施工

在组织流水施工时常常会遇到这样的问题：如果某施工过程要求尽快完成，或某施工过程的工程量过少，施工过程的流水节拍就小；如果某施工过程由于工作面受限制，不能投入较多的人力或机械，施工过程的流水节拍就大。这就出现了各施工过程的流水节拍不能相等的情况，这时可组织异节奏流水施工。当各施工过程在同一施工段上的流水节拍彼此不等而存在最大公约数时，为加快流水施工速度，可按最大公约数的倍数确定每个施工过程的专业工作队，这样便构成了一个工期最短的成倍节拍流水施工方案。

1. 成倍节拍流水施工的特点

①同一施工过程在各施工段上的流水节拍彼此相等，不同的施工过程在同一施工段上的流水节拍彼此不同，但互为倍数关系。

②流水步距彼此相等，且等于流水节拍的最大公约数。

③各专业工作队都能够保证连续施工，施工段没有空闲。

④专业工作队数大于施工过程数，即 $n' > n$。

2. 流水步距的确定

$$K_{i,\ i+1} = K_b \tag{1-6}$$

式中，K_b——成倍节拍流水步距，取流水节拍的最大公约数。

3. 每个施工过程的施工队（组）确定

$$b_i = \frac{t_i}{K_b},\ n' = \sum b_i \tag{1-7}$$

式中，b_i——某施工过程所需施工队（组）数；

n'——专业施工队（组）总数目。

（4）施工段的划分

①不分施工层时，可按划分施工段的原则确定施工段数，一般取 $m = n'$。

②分施工层时，每层的最少施工段数可按公式（1-8）确定：

$$m = n' + \frac{\sum Z_1 + \sum Z_2 + \sum Z_3 - \sum C}{K_b} \tag{1-8}$$

（5）流水施工工期

无层间关系时，有

$$T = (m + n' - 1) K_b + \sum (Z_1 + Z_2 - C) \tag{1-9}$$

有层间关系时，有

$$T = (mj + n' - 1) K_b + \sum (Z_1 + Z_2 - C) \tag{1-10}$$

式中：j——施工层数。

4. 无节奏流水施工

无节奏流水施工又称分别流水施工，是指同一施工过程在各施工段上的流水节拍不全相等、不同的施工过程之间流水节拍也不相等的一种流水施工方式。这种组织施工的方式在进度安排上比较自由、灵活，是实际工程组织施工最普遍、最常用的一种方法。

（1）无节奏流水施工的特点

①同一施工过程在各施工段上的流水节拍有一个以上不相等。

②各施工过程在同一施工段上的流水节拍也不尽相等。

③保证各专业队（组）连续施工，施工段上可以有空闲。

④施工队组数 n' 等于施工过程数 n 。

（2）流水步距的计算

组织无节奏流水施工时，为保证各施工专业队（组）连续施工，关键在于确定适当的流水步距，常用的方法是"逐个累加、错位相减、差值取大"。就是将每一施工过程在各施工段上的流水节拍累加成一个数列，两个相邻施工过程的累加数列错一位相减，在几个差值中取一个最大的，即是这两个相邻施工过程的流水步距，这种方法称为最大差法。

（3）流水工期的计算

无节奏流水施工的工期可按下式计算：

$$T = K_{i, i+1} + T_n + \left(\sum Z_1 + \sum Z_2 - \sum C \right) \tag{1-11}$$

式中：$K_{i, i+1}$——流水步距之和。

第三节　施工组织总设计

一、施工组织总设计简介

施工组织总设计是以整个建设项目或建筑群为对象编制的，用以指导建设项目施工全过程的全局性、控制性和技术经济性的文件。它对整个建设项目实现科学管理、文明施工、取得良好的综合经济效益具有决定性的影响。它一般由建设总承包单位或大型工程项目经理部（或工程建设指挥部）的总工程师主持编制。

（一）施工组织总设计的编制依据

施工组织总设计的编制依据主要有以下几种：

1. 计划文件及有关合同

计划文件主要包括：建设项目可行性研究报告、国家批准的固定资产投资计划、工程项目一览表、分期分批施工项目和投资计划、工程所需材料和设备的订货计划；地区主管部门的批件、要求交付使用的期限、施工单位上级主管部门下达的施工任务等。

合同文件包括：工程招投标文件及签订的工程承包合同；工程材料和设备的订货指标或供货合同等合同文件。

2. 设计文件

设计文件主要包括：建设项目的初步设计、扩大初步设计或技术设计的有关图样、设计说明书、建筑区域平面图、建筑总平面图、建筑竖向设计、总概算或修正概算等。

3. 建设地区的工程勘察和调查资料

这些资料包括：为建设项目服务的建筑安装企业、预制加工企业的人力、设备、技术和管理水平；工程材料的来源和供应情况；交通运输情况；水、电供应情况；有关建设地区地形、地貌、工程地质、水文、气象、地理环境等。

4. 现行定额、规范、建设政策与法规、类似工程的经验资料等

这些资料包括国家现行的施工及验收规范、操作规程、概算、预算及施工定额、技术规定和有关经济技术指标等，也包括对推广应用新结构、新材料、新技术、新工艺的要求及有关的技术经济指标。

以上编制依据应在确定施工部署之前获得。

（二）施工组织总设计的编制程序

1. 调查研究，获得编制依据

这是编制施工组织总设计的准备工作，目的是获得足够的信息，作为编制施工组织总设计的依据。

2. 确定施工部署，拟订施工方案，估算工程量

这是第一项重点内容，是编制施工总进度计划和施工总平面图的依据。

3. 编制施工总进度计划

编制施工总进度计划是第二项重点内容，是编制其他各种计划的条件，必须在确定施工部署和拟订施工方案之后进行施工总进度计划。

4. 编制施工总平面图

编制施工总平面图是第三项重点内容，只有在编制了施工方案和各种计划后才具备条件。例如，只有编制了生产和生活性临时设施计划之后，才能够确定施工平面图中临时设施的数量和现场布置等。

5. 计算技术经济指标

计算技术经济指标，目的是对所编制的各项内容进行量化展示，它可以评价施工组织

总设计的设计水平。

（三）施工组织总设计的内容

施工组织总设计的内容视工程性质、规模、建筑结构的特点、施工的复杂程度、工期要求、施工条件、施工部署、施工方案、施工总进度计划、全场性施工准备工作计划等各项的不同而有所不同。通常包括以下内容：建设工程概况，施工部署，主要工程、单项工程的施工方案，全场施工准备工作计划，施工总进度计划，各项资源需要量计划，施工总平面图和主要技术经济指标等部分。

（四）施工组织总设计的作用

施工组织总设计的主要作用是：

1. 从全局出发，为整个项目的施工做出全面的战略部署。

2. 为施工企业编制施工计划和单位工程施工组织设计提供依据。

3. 为建设单位或业主编制工程建设计划提供依据。

4. 为组织施工力量、技术和物资的供应提供依据。

5. 为确定设计方案的施工可能性和经济合理性提供依据。

二、施工部署

施工部署是对整个建设工程的全局做出战略安排，并解决其中影响全局的重大问题。根据建设工程的性质和客观条件的不同，考虑的重点也不同，但在施工部署中，一般需要对下列问题进行细致的研究。

（一）施工任务的组织安排

明确建设项目施工的机构、体制，建立施工现场统一的指挥系统及职能部门，明确划分参与整个建设项目的各施工单位和各职能部门的任务；确定综合的和专业化组织的相互配合职责；划分施工阶段，明确各单位分期分批的主攻项目和穿插项目，作出施工组织的决定。

（二）工程开展程序的确定

确定合理的工程开展程序，是关系到整个建设项目能否迅速建成的重大问题，也是施工部署中组织施工全局生产活动的战略目标，必须慎重研究，并考虑以下主要问题。

1. 主体系统工程施工程序安排

对于大型工业企业来说，根据产品的生产工艺流程，分为主体生产系统、辅助生产系统及附属生产系统等。根据生产系统的划分，在施工项目上分为主体系统工程和辅助、附属系统工程。在安排主体系统工程的施工程序时，应考虑下列几点要求：

（1）分析企业产品生产的内在联系和工艺流程，从施工程序上保证各系统工程生产流程的合理性和投产的先后顺序。

（2）尽量利用已建成的生产车间的生产能力，为建设期间的施工服务。

（3）考虑各个系统工程施工所需的合理工期。

（4）在企业分期建设时，为了发挥每套生产体系的设备或机组的能力，在施工程序上，必须考虑前、后期工程建设的阶段性，使每期工程能配套交付生产；在考虑施工均衡性的同时，注意投资均衡与节约，保证建设的连续性，使前期工程为后期工程的生产准备服务。

（5）应该使每个系统工程竣工投产后有运转调试和试生产的时间，以及有为下一工序生产配料和必要储备量的时间；此外，还须考虑设备到货及安装的时间，也就是说，安排施工程序时在时间上要留有余地。

2. 辅助、附属系统工程的施工程序安排

一个大型工业企业，除了主体系统工程以外，必然还有一些为主体生产系统服务的辅助设施，以及利用生产主要产品的废料而设置的某些附属工程，如为整个企业服务的机修、电修系统，动力系统，运输系统等辅助工程系统及生产过程中综合利用余热、废气、废料等附属产品的附属工程系统。

对辅助工程系统的施工程序安排，既要考虑生产时为全企业服务，又要考虑在基建施工时为施工服务的可能性。因此，一般把某些辅助工程系统安排在主体工程系统之前，不能为施工服务的辅助系统安排在主体系统之后，安排成"辅—主—辅"的施工程序，使之既可为生产准备服务，又可为施工服务。而辅助工程系统本身，也应成组配套，使其发挥应有的能力。与整个企业有关的动力设施，如水、电、蒸汽、压缩空气、煤气和氧气等，应根据轻重缓急，相应配合。一般先施工厂外的中心设施及干线。

解决全企业的生活用水，特别是冶金、化工、电厂等企业，在生产过程中更是分秒不许间歇。供水系统的施工顺序应是"先站后线、先外后内"，即先修建供水系统的外部中心设施，如水泵站、净化站、升压站及厂外主要干线，后建各施工区段的干线。一个大型企业的建设项目往往包括电厂建设工程，企业生产与电厂发电采用联合供水，而电厂的投产又必须走在主体工程系统之前。因此，厂外供水设施，在建设顺序上的投产时间应视电厂施工期限而定，最好是在电厂建成投产前 1~2 个季度为宜，以便进行试验和调整。排水系统不仅包括生产废水的处理与排除设施，还包括在施工期间地面水的排除。排除地面水对于现场施工环境和保证运输畅通具有重要意义，必须按照生产系统投产顺序及施工分期的要求，在运输道路基层施工之前，铺设排水干管。

交通运输工程系统，是辅助生产系统的重要系统工程项目，包括线路、站、埠（码头）等运输设施。实践证明，建设现代化的大型工业企业，如果只注意主体系统工程的投产顺序，而忽略运输设施的及时修建和施工程序安排，就必然会带来生产上的减产（严重的甚至会停产），施工材料及设备不能及时到达。对于铁路运输线的安排，首先考虑厂外的专用线与国家铁路的连接，同时不放松各系统工程的车站建设。至于车站通向各系统工程的内部线路，则应与各系统工程投产要求相适应。

附属工程系统施工程序应与主体生产系统相适应，保证各生产系统按计划投入生产。

3. 规划建设顺序的要求和步骤

综上所述，编制或规划一个大型工业企业建设顺序的目的，主要是保证企业内各生产系统在满足国家产品生产计划的要求下，充分发挥基本建设投资效果和达到均衡施工。要达到上述目的，就必须在建厂过程中研究和遵守企业内各生产系统在产品上的内在规律性，也就是必须保证建设的项目、投产的产量和投产期限在建设过程中，按生产工艺要求，有步骤按比例地开展。特别是大型企业的建设，由于其建设工期长、投资巨大，在规划建设顺序时，必须贯彻保证重点、统筹安排、有效地集中力量分期分批地打歼灭战的方针，实现分期分批投产，使企业在逐年建设过程中，充分发挥投资效益。

根据我国的建设经验，一个大型工业企业建设顺序的规划，可按下列步骤进行：

（1）按照企业的对象、规模，正确地划分准备期和建厂期，以及建厂期的施工阶段。

（2）按企业对象的特点划分主体系统工程和辅助系统工程，并确定系统工程的数量，以每一个系统工程作为交工系统。一个交工系统，必须具有独立的完整的生产系统。

（3）参考国内外先进水平及有关工期定额，结合本单位的技术水平、技术装备等确定各交工系统的工期。特别应注意第一个交工系统的重要性和复杂性。同时必须考虑投产后生产技术过关所需要的时间及其为一个加工系统生产一定储备量所需的时间。每一个交工系统还应该算出其投资额。

（4）按照生产工艺流程的要求，找出各交工系统投产的衔接时间，并遵守国家或上级规定的指标要求，以此来决定交工系统施工的先后顺序。规划时还要考虑投资的均衡性和高峰程度。

（5）绘制企业建设分期分批投产顺序的进度计划表。

（三）现场施工准备工作的规划

在建设工程的范围内，修通道路，接通施工用水、用电管网，平整好施工场地，一般简称为"三通一平"。这是现场施工准备工作中的重要内容，也是做好施工必须具备的条件。此外，还须按照建筑总平面图做好现场测量控制网；在充分掌握地区情况和施工单位情况的基础上，尽可能利用本系统、本地区的永久性工厂、基地、永久道路等为施工服务，然后按施工需要，做好暂设工程的项目、数量的规划。

必须指出，施工准备不仅开工前需要，而且在开工以后，随着施工的迅速开展，在各个施工阶段，仍要不断为各阶段施工预先做好准备。所以施工准备工作是有计划、有步骤、分阶段进行的，它贯穿于整个建设的全过程，不过基于各阶段的特点和要求，有不同的内容和重点。在施工部署中的施工准备工作，是对整个建设工程的总体要求。做出全工地性的施工准备工作规划，重点考虑首期工程的需要和大型临时设施工程的修建。

（四）主要建筑物施工方案的拟订

拟订主要建筑物的施工方案和一些主要的、特殊的分部工程的施工方案，其目的是组织和调集施工力量，并进行技术和资源的准备工作；同时也是为了施工进程的顺利开展和现场的合理布置，其内容应包括工程量、施工工艺流程、施工的组织和专业工种的配合要求、机械设备等。其中较为重要的是做好机械化施工组织和选好机械类型，使主导施工机械的性能既能满足工程的需要，又能发挥其效能。

三、施工总进度计划的编制

施工总进度计划是根据施工部署和施工方案，对全工地的所有工程项目做出时间上的安排。其作用在于确定各个建筑物及其主要工种、工程、准备工作和全工地性工程的施工期限及其开工和竣工的日期，从而确定施工现场的劳动力、材料、施工机械的需要量和调配情况，以及现场临时设施的数量，水电供应数量和能源、交通的需要数量等。因此，正确地编制施工总进度计划是保证各项目以及整个建设工程按期交付使用、充分发挥投资效益、降低建筑工程成本的重要条件。

（一）施工总进度计划的编制原则

1. 合理安排施工顺序，保证在劳动力、物资以及资金消耗量最少的情况下，按规定工期完成拟建工程施工任务。

2. 采用合理的施工方法，使建设项目的施工连续、均衡地进行。

3. 节约施工费用。

（二）施工总进度计划的作用

1. 确定总进度目标。实现策划工期或合同约定的竣工日期是施工总进度计划的目标。

2. 进行总进度目标分解，确定里程碑事件的进度目标。可以将总进度目标依次分解为单项工程进度目标、单位工程目标、分部工程目标。它们的开始或者完成日期就是里程碑事件的进度目标。

3. 作为编制单体工程进度计划的依据。

4. 作为编制各种支持性计划的依据。这些计划包括人力资源计划、物资供应计划、施工机械设备需用计划、预制加工品计划、资金供应计划等。

（三）施工总进度计划的内容

施工总进度计划的内容包括：编制说明，估算主要项目的工程量，确定各单位工程开、竣工时间和相互搭接关系，编制施工总进度计划图、资源需要量及供应平衡表等。

施工总进度计划为最主要的内容，用来安排各单项工程和单位工程的计划开工和竣工日期、工期、搭接关系及其实施步骤。资源需要量及供应平衡表是根据施工总进度计划表编制的保证计划，可包括劳动力、材料、预制构件和施工机械等资源计划。

编制说明的内容包括编制依据、假设条件、指标说明、实施重点和难点、风险估计及应对措施等。

（四）施工总进度计划的编制步骤和方法

施工总进度计划的编制可按以下步骤进行。

1. 列出工程项目一览表并计算工程量

先根据建设项目的特点划分项目。由于施工总进度计划起主要控制性作用，因此项目划分不宜过细，可按确定的主要工程项目的开展顺序排列，一些附属项目、辅助工程及临时设施可以合并列出。

在工程项目一览表的基础上，估算各主要项目的实物工程量。估算工程量可按初步设计（或扩大初步设计）图纸，并根据各种定额手册进行。常用的定额资料有以下几种：

①每万元、10万元投资工程量，劳动力及材料消耗扩大指标。这种定额规定了某种结构类型建筑，每万元或10万元投资中劳动力、主要材料等消耗数量。根据设计图纸中

的结构类型，即可估算出拟建工程各分项需要的劳动力和主要材料消耗数量。

②概算指标或扩大结构定额。这两种定额分别按建筑物的结构类型、跨度、层数、高度等分类，给出单位建筑体积和单位建筑面积的劳动力和主要材料消耗指标。

③标准设计或已建的类似建筑物、构筑物的资料。

在缺少上述几种定额手册的情况下，可采用标准设计或已建成的类似工程实际所消耗的劳动力和材料加以类推，按比例估算。但是，由于和拟建工程完全相同的已建工程是极为少见的，因此，在采用已建工程资料时，一般都要进行换算调整。

除了房屋外，还必须计算全工地性工程的工程量，如场地平整的土石方工程量、道路及各种管线长度等，这些可根据建筑总平面图来计算。

2. 确定各单位工程的施工期限

单位工程的施工期限应根据施工单位的具体条件（如技术力量、管理水平、机械化施工程度等）及施工项目的建筑结构类型、工程规模、施工条件及施工现场环境等因素加以确定。此外，还应参考有关的工期定额来确定各单位工程的施工期限，但总工期应控制在合同工期以内。

3. 确定各单位工程开、竣工时间和相互搭接关系

根据施工部署及单位工程施工期限，就可以安排各单位工程的开、竣工时间和相互搭接关系。安排时，通常应考虑下列因素：

（1）保证重点，兼顾一般。在安排进度时，要分清主次，抓住重点，同一时期施工的项目不宜过多，以免人力、物力分散。

（2）满足连续、均衡施工的要求，尽量使劳动力和材料、机械设备均衡地在全工地内消耗。

（3）合理安排各期建筑物施工顺序，缩短建设周期，尽早发挥效益。

（4）考虑季节影响，合理安排施工项目。

（5）使施工场地布置合理。

（6）对于工程规模较大、施工难度较大、施工工期较长以及须先配套使用的单位工程，应尽量安排先施工。

（7）全面考虑各种条件的限制。在确定各建筑物施工顺序时，还应考虑各种客观条件的限制，如施工企业的施工力量，原材料、机械设备的供应情况，设计单位出图的时间，投资数量等对工程施工的影响。

4. 施工总进度计划编制

施工总进度计划是根据施工部署和施工方案，合理确定各单项工程的控制工期及它们

之间的施工顺序和搭接关系的计划，应形成总（综合）进度计划表和主要分部分项工程流水施工进度计划表。

近年来，随着网络计划技术的推广，采用网络图表达施工总进度计划已经在实践中得到广泛应用。采用有时间坐标网络图（时标网络图）表达总进度计划比横道图更加直观明了，可以表达出各项目之间的逻辑关系，还可以进行优化，实现最优进度目标、资源均衡目标和成本目标。同时，由于网络图可以采用计算机计算和输出，对其进行调整、优化，统计资源数量，输出图表更为方便、迅速。

第二章　建筑工程施工技术

第一节　特殊土地基的处理技术

一、特殊土地基的工程性质及处理原则

（一）淤泥类土

软土是指淤泥和淤泥质土。软土是一种主要由黏性颗粒组成的土，在静水或非常缓慢的流水环境中沉积而成，具有含水量大、压缩性高、透水性小、承载力低等特点，主要分布在我国东南沿海、沿江和湖泊地区。软土中分布量最大且最广的是淤泥类土，属于低强度、高压缩性的有机土，是事故多发、难以处理的地基土。淤泥类土的工程性质如下所示。

1. 压缩性高，沉降量大

一般情况下，建在淤泥类土上的砖石结构的民用房屋沉降幅度如下：二层为 15～30 cm，四层为 25～60 cm，五层以上多超过 60 cm；其中福州、中山、宁波、新港、温州等地沉降最大。这些地区四层房屋下沉超过 50 cm，有的高达 60 cm。

2. 由黏粒、粉粒构成，黏粒含量高，渗透性低

淤泥类土的渗透系数一般为 $1 \times 10^{-6} \sim 1 \times 10^{-1}$ cm/s，土的固结时间很长，房屋沉降恢复稳定历时数年至数十年。在正常的施工速度情况下，超过二层的房屋，施工期间沉降占总沉降的 20%～30%，其余的沉降可延长 20 年以上。在新开发区修筑道路时，可发现道路填土过多造成路基不均匀下沉现象。路面因不均匀沉降而产生的裂缝，虽经修补但仍很难恢复，其主要原因是填筑后产生的沉陷恢复稳定需要的时间比较长。

3. 快速加荷可引起大量下沉、倾斜及倾倒

饱和淤泥类土的承载能力与加荷排水状况有很大的关系。如果加荷速率过快，土壤中

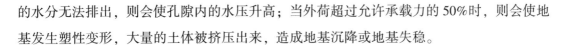

的水分无法排出，则会使孔隙内的水压升高；当外荷超过允许承载力的 50% 时，则会使地基发生塑性变形，大量的土体被挤压出来，造成地基沉降或地基失稳。

4. 土的抗剪强度低，易于滑坡

饱和结构性淤泥土的强度决定于黏聚力值，在 10~20 kPa，因此地基的允许承载力最高为 100 kPa，低者 30~40 kPa。软土边坡的稳定坡度值很低，只有 1：5（坡高与坡长之比），地震时为 1：10，降水后有所提高，但预压后，地基承载力可提高一倍。

（二）杂填土地基

杂填土是指含有建筑垃圾、工业废料、生活垃圾等杂物的填土。从上述定义不难看出"杂填土"中的"杂"并不是汉语词典中表述的"多种多样、不单纯"的意思，而是"含建筑垃圾、工业废料、生活垃圾"的意思。所以对于同时包含碎石、卵石、砂、粉土及黏性土中的一种以上或建筑垃圾、工业废料、生活垃圾含量很少或较少的土不能界定为杂填土。

1. 建筑垃圾

建筑垃圾是指从事建筑业的拆除、建设、装饰、修理等生产活动所产生的渣土、废混凝土、废砖石等废弃物。

2. 工业废料

工业废料，即工业固体废弃物，是指工矿企业在生产活动过程中排放出来的各种废渣、粉尘及其他废物等。如化学工业的酸碱污泥、机械工业的废铸砂、食品工业的活性炭渣、纤维工业的动植物的纤维屑、硅酸盐工业的砖瓦碎块等。

3. 生活垃圾

生活垃圾是指在日常生活或者为日常生活提供服务的活动中产生的固体废物，以及法律、行政法规规定视为生活垃圾的固体废物。

从工程意义上来说，杂填土通常因为其成分复杂、均匀性极差而且可能存在不良工程性能（比如生活垃圾容易降解），一般不宜直接作为地基土或填筑材料使用，是工程性能极差的土类型，在工程实践中一般作为弃土。

杂填土是一种具有压缩不均匀、强度差别较大的软弱地基土。在没有经过任何处理的情况下，杂填土是不能做地基的，应慎重对待。

（三）湿陷性土

湿陷性土包括湿陷性黄土及具有湿陷性的碎石土、砂土和其他土。湿陷性土的特点是当其未受水浸湿时，一般强度较高，压缩性较低。但受水浸湿后，在上覆土层的自重应力或自重应力和建筑物附加应力作用下，土的结构迅速被破坏，并发生显著的附加下沉，其强度也随之迅速降低。

湿陷性土主要由湿陷性黄土组成。湿陷性黄土是指在一定压力下受水浸湿，土结构迅速被破坏，并产生显著附加下沉的黄土。它广泛分布于我国甘肃、宁夏、陕西和山西等黄土高原地区，其工程性质如下：

1. 具有大孔结构，孔隙比>1，孔隙率 n>45%，粉粒含量占60%以上。

2. 天然含水量接近塑限。

3. 含有大量可溶性盐类。

（四）膨胀土

膨胀土是主要由蒙脱石、伊利石等强亲水性黏土矿物组成的高塑性黏性土，具有胀缩性、多裂隙性、水敏性、强度衰变性、超固结性和地形的平缓性。膨胀土主要分布于我国湖北、广西、云南、安徽、河南等地，其工程特性如下：

1. 颜色有灰白、棕、红、黄、褐及黑色。

2. 粒度成分中以黏土颗粒为主，一般在50%以上，最低也要大于30%，粉粒次之，砂粒最少。

3. 矿物成分中黏土矿物占优势，多为伊利石、蒙脱石，高岭石含量很少。

4. 胀缩强烈，膨胀时产生膨胀压力，收缩时形成收缩裂隙。长期反复胀缩使土体强度产生衰减。

5. 各种成因的大小裂隙发育。

6. 早期生成的膨胀土具有超固结性，胀缩变形特性会引起巨大危害。

二、特殊土地基的处理方法

在特殊土地基上建造建（构）筑物，这类地基土强度低、压缩性高，易引起上部结构开裂或倾斜，一般都须经过地基处理。地基处理就是按照上部结构对地基的要求，对地基进行必要的加固或改良，提高地基土的承载力，保证地基稳定，减少房屋沉降或不均匀沉降，消除黄土湿陷的现象。地基处理的方法甚多，仍在不断地涌现和完善，下面介绍几种常见的处理方法。

（一）灰土垫层

灰土垫层的材料为石灰和土，石灰和土的体积比一般为3：7或2：8。灰土垫层的强度随用灰量的增大而提高，但当用灰量超过一定值时，其强度增加很小。灰土地基施工工艺简单、费用较低，是一种应用广泛、经济且实用的地基加固方法，适用于加固处理 1~3 m 厚的软弱土层。

1. 材料要求

（1）土：土料可采用就地基坑（槽）挖出来的粉质黏土或塑性指数大于 4 的粉土，但应过筛，其颗粒直径不大于 15 mm，土内有机物含量不得超过 5%。不宜使用块状的黏土和砂质粉土、淤泥、耕植土、冻土。

（2）石灰：应使用达到国家三等石灰标准的生石灰，使用前生石灰消解 3~4 天并过筛，其粒径不应大于 5 mm。

2. 施工要点

在使用灰土垫层处理特殊土地基时，施工人员应该遵守以下施工要点：

（1）在施工之前要先验一下槽，将积水和淤泥清理干净，夯实两遍，待其干燥后方可铺灰土。

（2）在灰土施工时，要适当控制其含水率，以用手紧握土料成团、手指轻捏就能碎为宜，如土料水分过多或不足时，可以晾干或洒水润湿；应拌和均匀，使颜色均匀，拌好后及时铺好夯实；厚度内槽（坑）铺土应分层进行，壁上预设标志控制。

（3）按设计要求，在现场进行测试，确定每一层的夯打遍数，通常夯打（或碾压）不少于四遍。

（4）灰土分段施工时，墙脚、柱墩、承重窗间墙之间的接缝不能有缝隙，上下相邻两层灰土的接缝间距不得小于 0.5 m，接缝处的灰土应充分夯实；当灰土垫层地基高度不同时，应做成阶梯形，每阶宽度不少于 0.5 m。

（5）在地下水位以下的基槽、坑内施工时，应采取排水措施，在无水状态下施工；夯实后的灰土 2 d 内不得受水浸泡。

（6）灰土打完后，应及时进行基础施工，并及时回填土，否则要做临时遮盖，防止日晒雨淋；刚夯打完毕或尚未夯实的灰土，如遭受雨淋浸泡，则应将积水及松软灰土除去并补填夯实；受浸泡的灰土，应在晾干后再使用。

（7）在冬季施工中，严禁使用冻土或拌有冻土的土料，并采取有效的防冻措施。

（二）砂垫层和砂石垫层

由于地基的软土比较松软，通常会将基础下面一定厚度的软弱土层挖除，用砂或砂石垫层来代替，以起到提高基础土地基承载力、减少沉降、加速软土层排水固结等作用。

砂、砂石垫层的主要作用：提高基础底面以下地基浅层的承载力。地基中的剪切破坏是从基础底面下边角处开始，随基底压力的增大而逐渐向纵深发展的，因此当基底面以下浅层范围内可能被剪切破坏的软弱土被强度较大的垫层材料置换后，可以提高承载能力，减少沉降量。一般情况下，基础下浅层的沉降量所占的比例较大。由于土体侧向变形引起的沉降，理论上也是浅层部分占的比例较大。以垫层材料代替软弱土层，可大大减少这部分的沉降量，加速地基的排水固结。用砂石作为垫层材料，由于其透水层大，在地基受压后便是良好的排水面，可使基础下面的空隙水压力迅速消散，避免地基土的塑性破坏，加速垫层下软弱土层的固结及其强度的提高。

砂、砂石垫层的适用范围：适用于 3 m 内的软弱、透水性强的黏性土层处理，垫层厚度一般为 0.5~2.5 m 为宜；若超过 3 m，则费工费料，施工难度也较大，经济费用高；若小于 0.5 m，则不起作用。

1. 材料要求

砂、砂石垫层宜用颗粒级配良好、质地坚硬的中粗砂、砾砂、卵石和碎石；也可以采用细砂，但宜掺入一定数量的卵石或碎石，其掺入量按设计规定（含石量不超 50%）。此外，如石屑、工业废料，经过试验合格后亦可作为垫层的材料。兼起排水固结作用的垫层材料含泥量不宜超过 3%，碎石或卵石粒径不宜大于 50 mm。

2. 施工要点

在使用砂、砂石垫层处理特殊土地基时，施工人员应该遵守以下施工要点：

（1）砂石均须机械拌和均匀后方可分层夯填。

（2）施工前要统一放置标高及清除干净基底的杂草浮土，同时应严禁搅动下卧层及周边土质层。

（3）为防止下雨造成边坡塌方，施工作业前应在基坑内及四周做好排水措施，从而确保边坡稳定。

（4）如基底尚存在较小厚度的淤泥质土，为防止碾压时冒出泥浆或脱层，可在施工前往该处抛石挤密，或将基层压入底层。

（5）应分层分级夯铺，每层铺设厚度应小于 300 mm，如采用大型碾压机械，其铺设厚度可控制在 500 mm 以内。

3. 质量检查

在捣实后的砂垫层中，用容积不小于 200 cm³ 的环刀取样，测定其干密度，以不小于通过试验所确定的该砂料在中密状态时的干密度数值为合格。如系砂石垫层，施工人员可在垫层中设置纯砂检查点，在同样的施工条件下取样检查。纯砂在中密状态的干密度，一般为 $1.55\sim1.60\ \mathrm{g/cm^3}$。

（三）强夯法

强夯法指的是为提高软弱地基的承载力，用重锤从一定高度下落夯击土层使地基迅速固结的方法。该方法是利用起吊设备，将 $10\sim100\ \mathrm{t}$ 的重锤提升至 $10\sim40\ \mathrm{m}$ 高处使其自由下落，依靠强大的夯击能和冲击波作用夯实土层。现有经验表明：在 $100\sim200$ 吨米夯实能量下，一般可获得 $3\sim6\ \mathrm{m}$ 的有效夯实深度。强夯法适用于处理碎石土、砂土、低饱和度的粉土与黏性土、湿陷性黄土、杂填土和素填土等地基。对高饱和度的粉土与黏性土等地基，当采用在夯坑内回填块石、碎石或其他粗颗粒材料进行强夯置换时，应通过现场试验确定其适用性。

1. 机具设备

（1）夯锤

强夯锤的锤重范围为 $10\sim150\ \mathrm{t}$，底面形状宜采用圆形或多边形。夯锤的材质最好为铸钢，如条件所限，则可用钢板壳内填混凝土。夯锤底面宜对称设置若干个直径约 $250\sim300\ \mathrm{mm}$ 的与顶面贯通的排气孔，以利于夯锤着地时坑底空气迅速排出和起锤时减小坑底的吸力。锤底面积应该按土的性质确定，对于砂质土和碎石填土，底面积为 $2\sim4\mathrm{m^2}$ 较为合适；对于黏性土一般为 $3\sim4\ \mathrm{m^2}$；对于淤泥质土一般采用 $4\sim6\mathrm{m^2}$ 为宜。锤底静接地压力值可取 $25\sim40\ \mathrm{kPa}$，对于细颗粒土，锤底静接地压力宜取较小值。

（2）起重机具

一般选用 $15\ \mathrm{t}$ 以上的履带式起重机或其他专用的起重设备；当起重机吨位不够时，亦可采取加钢支腿的方法，起重能力应大于夯锤重量的 1.5 倍；采用履带式起重机时，可在臂杆端部设置辅助门架，或采用其他安全措施，防止落锤时机架倾覆。

（3）脱钩器

脱钩器应该有足够强度，起吊时不产生滑钩；脱钩灵活，能保持分锤平稳下落，同时挂钩方便、迅速。

（4）推土机

一般情况下，使用 $120\sim320$ 型推土机，用来回填、整平夯坑。

2. 作业条件

（1）应有岩土工程勘察报告、强夯场地平面图及设计对强夯的效果要求等技术资料。

（2）强夯范围内的所有地上、地下障碍物已经拆除或拆迁，对不能拆除的已采取防护措施。

（3）场地已整平，并修筑了机械设备进出道路，表面松散土层已经预压，雨期施工周边已挖好排水沟，防止场地表面积水。

（4）已选定检验区做强夯试验，通过试夯和测试，确定强夯施工的各项技术参数，制订强夯施工方案。

（5）当强夯所产生的振动对周围邻近建（构）筑物有影响时，应在靠建（构）筑物一侧挖减振沟或采取适当加固防振措施，并设观测点。

（6）测量放线，定出控制轴线、强夯场地边线，钉木桩或点白灰标记出夯点位置，并在不受强夯影响的处所，设置若干个水准基点。

3. 质量检查

在使用强夯法处理特殊土地基时，质量检查应该遵守以下几点：

（1）应检查施工记录及各项技术参数，并应在夯击过的场地选点检验。

（2）一般可采用标准贯入、静力触探或轻便触探等方法，符合试验确定的指标即为合格。

（3）检查点数，每个建筑物的地基不少于 3 处，检测深度和位置按设计要求确定。

（四）灰土挤密桩法

灰土挤密桩常用以消除黄土的湿陷性，适用于处理地下水位以上的湿陷性黄土、素填土和杂填土等，灰土挤密桩法是湿陷性黄土地基处理常用的方法之一，因此在中国西北及华北等黄土地区已广泛应用。

灰土挤密桩法是利用柴油锤打桩机锤击沉管挤压成孔，使桩间土得以挤密，用灰土填入桩孔内分层夯实形成灰土桩，并与桩间土组成复合地基的地基处理方法。

1. 材料及构造要求

（1）土料：可采用素黄土及塑性指数大于 4 的粉土，有机质含量小于 5%，不得使用耕植土；土料应过筛，土块粒径不应大于 15mm。

（2）石灰：选用新鲜的块灰，使用前 7 天消解并过筛，不得夹有未熟化的生石灰块粒及其他杂质，其颗粒直径不应大于 5 mm，石灰质量不应低于二级标准，活性 CaO+MgO 的含量不少于 60%。

（3）对选定的石灰和土进行原材料和土工试验，确定石灰土的最大干密度、最佳含水量等技术参数。拌和采用集中拌和设备，确保充分拌和及颜色均匀一致，灰土的夯实含水量宜控制在最佳含水量±2%之间，边拌和边加水，确保灰土的含水量为最优含水量。

2. 施工要点

在使用灰土挤密桩处理特殊土地基时，施工人员应该遵守以下施工要点：

（1）施工前应在现场进行成孔、夯填工艺和挤密效果试验，以确定分层填料厚度、夯击次数和夯实后干密度等要求。

（2）灰土的土料和石灰质量要求及配制工艺要求同灰土垫层，填料的含水量超出或低于最佳值 3% 时，宜进行晾干或洒水润湿。

（3）桩施工一般采取先将基坑挖好，预留 20～30 cm 土层，然后在坑内施工灰土桩，基础施工前再将已搅动的土层挖去。

（4）桩的施工顺序应先外排后里排，同排内应间隔一两个孔，以免因振动挤压造成相邻孔产生缩孔或坍孔，成孔达到要求深度后，施工人员应立即夯填灰土，填孔前应先清底夯实、夯平，夯击次数不少于 8 次。

（5）桩孔内灰土应分层回填夯实，每层厚 350～400 mm。夯实可用人工或简易机械进行，桩顶应高出设计标高约 150 mm，挖土时将高出部分铲除。

（6）如果孔底出现饱和软弱土层，可采取加大成孔间距的方法，以防由于振动而造成已打好的桩孔内挤塞；当孔底有地下水流入时，可从井点抽水后再回填灰土或可向桩孔内填入一定数量的干砖渣和石灰，经夯实后再分层填入灰土。

3. 质量保证措施

（1）严格执行现行标准、规范、规程。

（2）施工时加强管理，认真进行技术交底和检查，桩孔要防止漏打或漏填，并将每天每班成孔挤成桩工作量及时复核，并整理上报。

（3）严把质量关，施工过程中各工序都要设专人负责监督并做好施工记录，如发现地基土质异常并影响成孔、回填或夯实时，应立即停止施工并报甲方项目部、监理单位负责人员，待查明情况或采取有效措施处理后方可继续施工。

（4）每道工序必须落实下道工序前对上道工序的验收制度，当班人员在自检的基础上与质量技术组一起进行验收。

（5）做好技术资料整理。施工人员根据每天实际完成工程量，认真如实填写工程隐蔽验收记录和灰土挤密桩桩孔施工记录表，并上报监理单位。

（6）施工过程应加强质量抽查，抽查数量不得少于成桩数量的 2%，采用环刀取样测定桩身土的压实系数及桩间土的挤密系数，并做好记录。对不合格的桩应采取加桩补救的措施。

4. 安全措施

（1）施工人员进入施工现场要进行安全教育，并做好记录。

（2）现场施工人员必须严格执行有关规范以及各种安全生产操作规程。

（3）桩机操作时，应安放平稳，防止成孔时突然倾倒或锤头突然下落，造成人员伤亡或设备损坏。

（4）成孔时距桩锤 6 m 范围内不得有人进行其他作业。

（5）已打好的孔尚未回填时，应加盖板，以免人员或物件掉入孔内。

（6）夯填前，应先检查夯实机等电源线绝缘是否良好，接地线、开关应符合要求，电线不得拖地使用，应一律架空，倒车时一定要有人看好并拉好电线，以免拉断、轧断电线造成触电事故。

（7）成孔最好当天填完，遇隔夜施工要做好防雨措施，将孔围拢，孔眼要覆盖，同时要做好施工现场的排水工作，做到安全文明施工。

（五）砂桩法

砂桩于 19 世纪 30 年代起源于欧洲。20 世纪 50 年代后期，日本发明了振动式和冲击式的施工方法，处理深度可达 30 m。砂桩技术自 20 世纪 50 年代引进我国后，在工业与民用建筑、交通、水利等工程建设中得到了应用。砂桩是指用振动或冲击荷载在软弱地基中成孔后，再将砂挤压入土中，形成大直径的密实柱体。砂桩可以提高地基的强度，减少地基的压缩性，提高地基的抗震能力，防止饱和松散砂土地基的振动液化。

1. 材料和构造要求

砂可用天然级配的中、粗砂或其他有良好渗水性的代用材料，粒径以 0.3~3 mm 为宜，含泥量不大于 5%。构造上要求砂桩直径一般为 220~320 mm，最大可达 700 mm，间距宜为 1.8~4.0 倍桩径，桩深度应达到压缩层下限处。如在压缩层范围内有密实的下层，则只加固软土层部分。砂桩布置应该呈梅花形。桩的平面尺寸在宽度及长度方向最外排砂桩轴线到基础边缘距离应不小于 1.5 倍砂桩直径或 1/10 砂桩有效长度，以防止基土塑性变形及冻胀的影响。在加固饱和软土地基时，一般在桩顶上设置一层厚度不小于 200 mm 的砂垫层，布满整个基底，以起扩散应力和排水的作用。

2. 砂桩的作用

（1）在松散砂土中的作用

主要有挤密作用、振密作用、砂土地基预震作用。对挤密砂桩的沉管法或干振法，由于在成桩过程中桩管对周围砂层产生很大的横向挤压力，桩管体积的砂被挤向桩管周围的

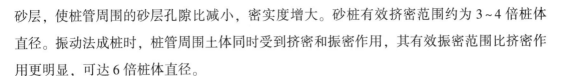

砂层，使桩管周围的砂层孔隙比减小，密实度增大。砂桩有效挤密范围约为 3~4 倍桩体直径。振动法成桩时，桩管周围土体同时受到挤密和振密作用，其有效振密范围比挤密作用更明显，可达 6 倍桩体直径。

（2）在软黏土中的作用

主要有置换作用、排水作用。砂桩在软弱黏性土中成桩后，地基就变成由砂桩和桩间土共同组成的复合地基。由于密实的砂桩取代了与砂桩体积相等的软土，所以复合地基的承载力比天然地基大，其沉降也就比天然地基小。砂桩在软弱黏性土地基中构成排水路径，可以起到排水砂井作用，使土层中的水向砂桩集中并通过砂桩排走，加快地基固结沉降速率。

3. 施工要点

在使用砂桩处理特殊土地基时，施工人员应该遵守以下施工要点：

（1）打砂桩时地基表面会产生松动或隆起，在基底标高以上宜预留 0.5~1.0 m 的土层，待打完桩后再将预留土层挖至设计标高，如坑底仍不够密实，可再辅以人工夯实或机械压实。

（2）砂桩的施工顺序，应从外围或两侧向中间进行。如砂桩间距较大，亦可逐排进行。

（3）打砂桩通常用振动沉桩机将带活瓣桩尖与砂桩同直径的钢桩管沉下、灌砂、振动、拔管即成。振动力以 30~70 kN 为宜，不能过大，避免过分扰动软土。拔管速度应控制在 1~1.5m/min 范围内，以免形成中断、颈缩，造成事故。对特别软弱土层亦可二次沉管灌砂，形成扩大砂桩。

（4）灌砂时砂的含水量应加以控制，对饱和水的土层，砂可采用饱和状态，亦可用水冲法灌砂；对非饱和水的土、杂填土或能形成直立的桩孔孔壁的土层，含水量可采用 7%~9%。

（5）砂桩的灌砂重应按桩孔的体积和砂在中密状态时的干土密度计算（一般取 2 倍桩管入土体积），其实际灌砂（不包括水重）不得少于计算的 95%，如发现砂量不够或砂桩中断等情况，可在原位进行复打灌砂。

（六）振冲地基法

振冲地基法是指利用振冲器的强力振动和高压水冲加固土体的方法。该法是国内应用较普遍和有效的地基处理方法，适用于各类可液化土的加密和抗液化处理，以及碎石土、砂土、粉土、黏性土、人工填土、湿陷性土等地基的加固处理。

1. 施工机具设备

机具设备主要有振冲器、起重机械、水泵及供水管道、加料设备和控制设备等。振冲器为类似插入式混凝土振捣器的设备。起重设备采用 80~150 kN 履带式起重机或自制起重机具，水泵要求流量 20~30m³/h，水压 0.6~0.8 N/mm²。控制设备包括控制电流操作台、150 A 电流表、500 V 电流表等。

2. 施工要点

在使用振冲地基处理特殊土地基时，施工人员应该遵守以下施工要点：

（1）施工前应先进行振冲试验，以确定其成孔施工合适的水压、水量、成孔速度及填料方法，达到土体密实度时的密实电流值和留振时间等。

（2）振冲施工工艺，先定位，然后振冲器对准孔点，以 1~2 m/min 的速度沉入土中。每沉入 0.5~1.0 m，宜在该段高度悬留振冲 5~10 s 进行扩孔，待孔内泥浆溢出时再继续沉入，使之形成 0.8~1.2 m 的孔洞。当下沉达到设计深度时，留振并减小射水压力，一般保持 0.1 N/mm²，以便排除泥浆进行清孔。亦可将振冲器以 1~2 m/min 的均速沉至设计深度以上 300~500 mm，然后以 3~5 m/min 的均速提出孔门，再用同法扎沉至孔底。可如此反复一两次，达到扩孔目的。

（3）成孔后应立即往孔内加料，把振冲器沉入孔内的填料中进行振密，至密实电流值达到规定值为止，反复进行直至桩顶，每次加料的高度为 0.5~0.8 m。在砂性土中制桩时，亦可采用边振边加料的方法。

（4）在振密过程中宜小水量喷水补给，以降低孔内泥浆密度，有利于填料下沉，便于振捣密实。

（七）深层搅拌法

深层搅拌法常常被应用到建筑工程建设的地基施工中，经过长时间的验证，深层搅拌法确实能够有效加固地基，提高地基的整体性以及稳定性，也能够最大限度地减少由于地基土质不稳定导致的地基沉降。所以近年来，深层搅拌法越来越多地被应用到工程建设过程中，技术也越来越成熟，实际施工效率也在逐渐提高。可以说，深层搅拌法对于地基处理而言有着极其重要的意义及作用。

1. 适用范围

一般来说，深层搅拌法适用于饱和软黏土地质条件，因为利用水泥、石灰等材料与深层地基中的软黏土进行充分的搅拌混合能够通过一系列的反应，对原本松软、流动性强、强度低的地基起到良好的加固作用。在施工过程中水泥、石灰等作为固化剂掺入地基土质

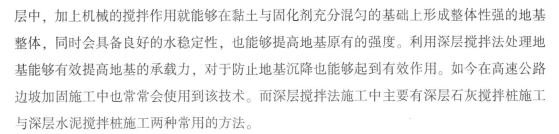

层中，加上机械的搅拌作用就能够在黏土与固化剂充分混匀的基础上形成整体性强的地基整体，同时会具备良好的水稳定性，也能够提高地基原有的强度。利用深层搅拌法处理地基能够有效提高地基的承载力，对于防止地基沉降也能够起到有效作用。如今在高速公路边坡加固施工中也常常会使用到该技术。而深层搅拌法施工中主要有深层石灰搅拌桩施工与深层水泥搅拌桩施工两种常用的方法。

（1）深层石灰搅拌桩施工

深层石灰搅拌桩被广泛运用于软土地基的处理施工当中。这种方法广泛应用于塑性指标比较高的软土地基施工。在这样的条件下，石灰的作用效果要比用水泥的效果好得多，也可靠得多。深层石灰搅拌就是用外力强制地把石灰和软土地基中的各种土质搅拌和混合，石灰会和软土地基中的各种土质、物质发生化学反应，可以稳定地基，也可以增大软土地基的强度，使之满足施工要求。这种方法技术简单、经济合理，可以有效控制软土地基强度不够、沉降太多的问题，对整个工程都有较好的作用。

（2）深层水泥搅拌桩施工

深层水泥搅拌桩的技术广泛用于淤泥、类似土质、灰炭土和粉土地基的施工。这种方法同样是软体地基施工的主要方法之一，所以只要使用得合理，使用得恰当，就可以使软土硬结，提高地基强度，再用特制的深层搅拌机械做辅助，整个工程就能顺利有序地进行。

2. 施工要点

（1）深层搅拌法的施工工艺流程。施工过程是：深层搅拌机定位—预搅下沉—制配水泥浆—提升井浆搅拌—重复上下搅拌清洗—移至下一根桩位。

（2）施工时，先将深层搅拌机用钢丝绳吊挂在起重机上，用输浆管将贮料罐、砂浆泵同深层搅拌机接通，开动电机，搅拌机叶片相向而转，借用设备自重，以 0.38～0.75 m/min 的速度沉至要求加固深度；再以 0.3～0.75 m/min 的均匀速度提升搅拌机，与此同时开动砂浆泵，将砂浆搅拌机中心管不断压入土中，由搅拌机叶片将水泥浆与深层处的软土搅拌，边搅拌边喷浆，直至提至地面，即完成一次搅拌过程。用同法再一次重复搅拌下沉和重复搅拌喷浆上升，即完成一根柱状加固体，外形为"8"字形，一根接一根搭接，即成壁状加固体。几个壁状加固体连成一片即成块体。

（3）施工中要控制搅拌机提升速度，使之连续匀速，以控制注浆量，保证搅拌均匀。

（4）应用管道每天加固以备再用，完毕后应用水清洗贮料罐、砂浆泵、深层搅拌机及相关设备。

第二节　桩基础工程施工技术

钢筋混凝土预制桩能承受较大荷载，坚固耐久，施工速度快，但对周围环境影响较大，是我国广泛应用的桩型之一。常用的为钢筋混凝土方形实心断面桩和圆柱体空心断面桩，预应力混凝土桩正在推广应用。

一、钢筋混凝土预制桩的制作与运输

钢筋混凝土预制桩的制作与运输应该遵守以下要求：

第一，钢筋混凝土预制桩多数在打桩现场或附近就地制作，为节省场地，现场预制桩多为叠浇法施工，重叠层数不宜超过 4 层。桩与桩间应做好隔离层，上层桩的浇筑必须在下层桩或邻近桩的混凝土达到设计强度的 30% 以后方可进行。预制场地应平整、坚实，并防止浸水沉陷，以确保桩身平直。

第二，钢筋骨架的主筋连接宜采用对焊。同一截面内的接头数不得超过 50%，钢筋骨架及桩身尺寸的允许偏差不得超出规定，否则桩易打坏。

第三，预制桩的混凝土常用 C30~C40 混凝土，应由桩顶向桩尖连续浇筑捣实，一次完成。制作完后，应洒水养护不少于 7 d。混凝土粗骨料宜为 5~40 mm。

第四，桩的混凝土达到设计强度的 70% 方可起吊；达到 100% 方可运输和打桩。桩在起吊和搬运时，吊点应符合设计规定。起吊时应平稳提升，吊点同时离地。如要长距离运输，可采用平板拖车或轻轨平板车运输。

第五，桩堆放时，地面必须平整、坚实，垫木间距应根据吊点确定，各层垫木应位于同一垂直线上，最下层垫木应该适当加宽，堆放层数不宜超过 4 层，不同规格的桩应分别堆放。

二、钢筋混凝土预制桩的沉桩

钢筋混凝土预制桩的沉桩方法有锤击法、打桩、静力压桩法等。

（一）锤击法

锤击法是利用桩锤的冲击能克服土对桩的阻力，使桩沉到预定深度或达到持力层。该法施工速度快，机械化程度高，适用范围广，但施工时有振动、挤土、噪声和污染现象，不宜在市中心和夜间施工。

1. 打桩设备

打桩设备包括桩锤、桩架和动力装置。桩锤是对桩施加冲击力，将桩打入土中的主要机具。桩架是支持桩身和桩锤，将桩吊到打桩位置，并在打桩过程中引导桩的方向，保证桩沿着所要求方向冲击的打桩设备。动力装置取决于所选的桩锤。当选用蒸汽锤时，则须配备蒸汽锅炉和卷扬机。

（1）桩锤

桩锤主要有落锤、柴油锤、蒸汽锤和液压锤，目前柴油锤应用最多。

①落锤

落锤具有构造简单、使用方便、能随意调整其落锤高度等优点，适合在普通黏土和含砾石较多的土层中打桩，一般用卷扬机拉升施打。但是，落锤生产效率低，对桩的损伤较大。落锤重量一般为 0.5~1.5 t，重型锤可达数吨。

②柴油锤

柴油锤是利用燃油推动活塞往复运动进行锤击打桩。柴油锤分导杆式和筒式两种，锤重 0.6~6.0 t。设备轻便，打桩迅速，每分钟锤击 40~80 次，可用于大型混凝土桩和钢管桩等，是目前应用较广的一种桩锤。

③蒸汽锤

蒸汽锤是利用蒸汽的动力进行锤击。根据其工作情况又可分为单动式汽锤与双动式汽锤。单动式汽锤冲击力较大，可以打各种桩，常用锤重 3~10 t，每分钟锤击次数为 25~30 次。双动式汽锤打桩速度快，冲击频率高，每分钟达 100~120 次，适合打各种桩，并能用于打钢板桩、水下桩、斜桩和拔桩，锤重 0.6~6 t。

④液压锤

液压锤的原理为：以液压能为动力，将锤抬至一定高度，通过泄油或反向供油的方式，使锤加速下落，途中会产生较大冲击，将桩体夯入地基。因锤和桩帽直接接触，同时完成冲击力的传递，对混凝土桩或钢桩、木桩都较为适用。若有防水罩，还可进行水下作业。

从上述分析中可知，液压锤具有使用方便、污染少、适应性强等诸多优势，必将成为最重要的沉桩设备。

（2）桩架

常用的桩架主要有沿轨道行驶的多功能桩架、装在履带底盘上的打桩架两种基本形式。

①多功能桩架

多功能桩架由立柱、斜撑、回转工作台、底盘及传动机构组成。它的机动性和适应性很强，在水平方向可做360°回转，立柱可前后倾斜，底盘下装有铁轮，可在轨道上行走。这种桩架可适应各种预制桩及灌注桩施工，缺点是机构较庞大，现场组装和拆移较麻烦。

②履带式桩架

履带式桩架是以履带式起重机为底盘，增加导杆和斜撑组成，用以打桩。该桩架具有移动方便的优点，可适应各种预制桩、灌注桩施工。

2. 打桩

在打桩前，施工人员应做好下列工作：清除妨碍施工的地下、地上的障碍物；平整施工场地；定位放线；设置供水、供电系统；安装打桩机等。

桩基轴线的定位点，应设置在不受打桩影响的地点，打桩地区附近须设置不少于2个水准点。在施工过程中可据此检查桩位的偏差以及桩的入土深度。打桩时，施工人员应注意以下问题：

（1）打桩顺序

打桩顺序影响打桩速度和打桩质量，尤其对周围的影响更大。当桩的中心距小于4倍桩径时，打桩顺序尤为重要。由于桩对土体的挤密作用，先打入的桩因水平推挤而造成偏移和变位，或被垂直推挤造成浮桩；而后打入的桩难以达到设计标高或入土深度，造成土体挤压和隆起。打桩时可选用下列打桩顺序：由中间向两侧对称施打；由中间向四周施打；由一侧向单一方向进行，并逐排改变方向；大面积的桩群多分成几个区域，由多台打桩机采用合理的顺序同时进行打桩。

（2）打桩方法

桩架就位后，先将桩锤和桩帽吊起来，后吊桩并送至导杆内，垂直对准桩位缓缓插入土中，垂直度偏差不得超过0.5%，然后固定桩帽和桩锤，使桩、桩帽、桩锤在同一垂线上，确保桩能垂直下沉，再放下桩锤轻轻压住桩帽，桩在自重作用下，向土中沉入一定深度而达到稳定位置。这时，再校一次桩的垂直度，即可进行打桩。为了防止击碎桩顶，在桩锤与桩帽、桩帽与桩之间应加弹性衬垫，桩帽和桩顶四周应有5~10 mm间隙。

打桩时宜用"重锤低击""低提重打"，可取得良好效果。开始打桩时，锤的落距宜较小，待桩入土一定深度并稳定后，再按要求的落距锤击。单动汽锤的落距以0.6 m左右为宜，柴油锤以不超过1.5 m，落锤以不超过1mm为宜。

（3）测量和记录

打桩系隐蔽工程施工，施工人员应做好打桩记录，作为工程验收时鉴定桩的质量的依据之一。

（4）质量控制

打桩的质量视打入的偏差是否在允许范围之内，最后贯入度与沉桩标高是否满足设计要求，桩顶、桩身是否打坏以及对周围环境有无造成严重危害而定。

打桩的控制，对桩尖部位坚硬、硬塑的黏性土、碎石土、中密以上的砂或风化岩等土层，以贯入度控制为主，桩尖进入持力层深度或桩尖标高可做参考。如贯入度已达到而桩尖标高未达到时，连续锤击3次，每次10击的平均贯入度不应大于规定的数值。桩尖位于其他软土层时，应以桩尖设计标高控制为主，贯入度可做参考。如控制指标已符合要求，而其他指标与要求相差较大时，应会同有关单位研究解决。当遇到贯入度剧变，桩身突然发生倾斜、移位或有严重回弹，桩顶或桩身出现严重裂缝、破碎等情况时，应暂停打桩，并分析原因，采取相应措施。

桩的垂直偏差应控制在1%之内，按标高控制的预制桩，桩顶标高允许偏差为-50～+100 mm。

3. 静力压桩

静力压桩是利用无振动、无噪声的静压力将桩压入土中，用于软弱土层和邻近怕振动的建筑物地基的处理。静力压桩可以消除由于打桩而产生的振动和噪声。

静力压桩过去是利用桩架的自重和压重，通过滑轮组或液压将桩压入土中。近年来多用液压的静力压桩机，压力可达400 t。压桩一般分节压入，逐段接长，为此桩需要分节预制。当第一节桩压入土中，其上端距地面2 m左右时将第二节桩接上，继续压入。压同一根桩，应连续施工。如初压时桩身发生较大位移、倾斜，压入过程中如桩身突然下沉或倾斜，桩顶混凝土破坏或压桩阻力剧变时，应暂停压桩，及时研究处理。

接桩的方法目前有三种：焊接法、法兰接法和浆锚法。前两种接桩方法适用于各类土层，后者只适用于软弱土层，其中焊接接桩应用最多。接桩时，必须对准下节桩并垂直无误后，用点焊将拼接角钢连接固定，再次检查位置，若正确方可进行焊接。施焊时，应两人同时在对角对称地进行，以防止节点变形不均匀而引起桩身歪斜。焊缝要连续、饱满。接桩时上、下节桩的中心线偏差不得大于10 mm，节点弯曲矢高不得大于0.1%桩长。

（二）混凝土灌注桩施工

混凝土灌注桩是直接在桩位上就地成孔，然后在孔内灌注混凝土或安装钢筋笼再灌注混凝土而成。根据成孔工艺不同，分为干作业成孔的灌注桩、泥浆护壁成孔的灌注桩、沉管灌注桩和人工挖孔的灌注桩等。

1. 干作业成孔灌注桩

干作业成孔灌注桩适用于地下水位较低、在成孔深度内无地下水的土质，无须护壁可直接取土成孔。目前常用螺旋钻机成孔。螺旋钻机利用动力旋转钻杆，钻杆带动钻头上的叶片旋转来切削土层，削下的土屑靠与土壁的摩擦力沿叶片上升排出孔外。在软塑土层含水量大时，可用疏纹叶片钻杆，以便较快地钻进。

2. 泥浆护壁成孔灌注桩

泥浆护壁成孔是用泥浆保护孔壁，防止塌孔和排出土渣而成孔，各土层不论地下水位高低皆适用。

（1）测定桩位

根据建筑的轴线控制定出桩基础的每个桩位，可用小木桩标见。桩位放线允许偏差20 mm。正式灌注桩之前，应对桩基轴线和桩位复查一次，以免木桩标记变动而影响施工。

（2）埋设护筒

护筒是用4~8 mm厚钢板制成的圆筒，其内径应大于钻头直径100 mm，上部宜开设1~2个溢浆孔，埋设护筒时先挖去桩孔处表土，将护筒埋入土中。护筒中心与桩位中心的偏差不得大于50 mm，护筒与坑壁之间用黏土填实，以防漏水。护筒埋深在黏土中不小于1.0 m，在砂土中不宜小于1.5 m。护筒顶面应高于地面0.4~0.6 m，并应保持孔内泥浆面高出地下水位1 m以上。护筒的作用是固定桩孔位置、防止塌孔和成孔时引导钻头方向。

3. 制备泥浆

制备泥浆的方法应根据土质条件确定。在黏性土中成孔时，可在孔中注入清水，钻机旋转时，切削土屑与水拌和，用原土造浆，泥浆相对密度应控制在1.1~1.2；在其他土中成孔时，泥浆制备应选用高塑性黏土或膨胀土；在砂土和较厚的夹砂层中成孔时，泥浆相对密度应控制在1.1~1.3；在穿过砂或卵石层或容易塌孔的土层中成孔时，泥浆相对密度应控制在1.3~1.5。施工中应经常测定泥浆相对密度，定期测定黏度、含砂率和胶体率等指标。废弃的泥浆、泥渣应妥善处理。

4. 成孔

成孔机械有回转钻机、潜水钻机、冲击钻等，其中以回转钻机应用最多。

（1）回转钻机成孔

回转钻机是由动力装置带动钻机回转装置转动，由其带动带有钻头的钻杆转动，由钻头切削土壤。根据泥浆循环方式的不同，分为正循环回转钻机和反循环回转钻机。由空心

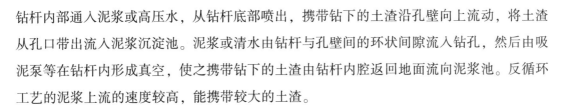

钻杆内部通入泥浆或高压水，从钻杆底部喷出，携带钻下的土渣沿孔壁向上流动，将土渣从孔口带出流入泥浆沉淀池。泥浆或清水由钻杆与孔壁间的环状间隙流入钻孔，然后由吸泥泵等在钻杆内形成真空，使之携带钻下的土渣由钻杆内腔返回地面流向泥浆池。反循环工艺的泥浆上流的速度较高，能携带较大的土渣。

（2）潜水钻机成孔

潜水钻机是一种旋转式机械，其动力、变速机构和钻头连在一起，可以下放至孔中地下水中成孔，用正循环工艺将土渣排出孔外。

（3）冲击钻成孔

冲击钻主要用于在岩土层中成孔，成孔时将冲锥式钻头提升一定高度后，以自由下落的冲击力来破碎岩层，然后用掏渣筒来掏取孔内的渣浆。

5. 清孔

当钻孔达到设计要求深度后，即应进行验孔和清孔，清除孔底沉渣、淤泥，以减少桩基的沉降量，提高承载能力。对不易塌孔的桩孔，可用空气吸泥机清孔，气压为0.5 MPa，使管内形成强大高压气体上涌，被搅动的泥渣随着高压气流上涌，从喷口排出，直至孔口喷出清水为止；对稳定性差的孔壁应用泥浆（正、反）循环法或掏渣筒排渣。孔底沉渣厚度对于端承桩≤50 mm，对于摩擦桩≤300 mm。清孔满足要求后，施工人员应该立即吊放钢筋笼并灌注混凝土。

6. 浇筑水下混凝土

在无水或水少的浅桩孔中灌注混凝土时，应分层浇筑振实，分层高度一般为0.5~0.6 m，不得大于1.5 m。混凝土坍落度在一般黏性土中宜为50~70 mm，在砂类土中为70~90 mm，在黄土中为60~90 mm，在水下宜为100~220 mm。水泥密度不小于360 kg/m，含砂率为40%~45%，并宜选用中粗砂，为改善和易性及缓凝性，宜掺外加剂。水下混凝土浇筑常用导管法。其方法是利用导管输送混凝土并使之与环境水隔离，依靠管中混凝土的自重，压管口周围的混凝土在已浇筑的混凝土内部流动、扩散，以完成混凝土的浇筑工作。套管成孔灌注桩是利用锤击打桩法或振动打桩法，将带有钢筋混凝土桩靴或带有活瓣式桩靴的钢套管沉入土中，然后灌注混凝土并拔管而成。若配有钢筋时，则在规定标高处吊放钢筋骨架。

（三）沉管灌注桩

沉管灌注桩，系采用与桩的设计尺寸相适应的钢管（即套管），在端部套上桩尖沉入土中后，在套管内吊放钢筋骨架，然后边浇注混凝土边振动或锤击拔管，利用拔管时的振动捣实混凝土而形成所需要的灌注桩。由于施工过程中，锤击会产生较大噪声，故不适合在市区使用。沉管灌注桩非常适合土质疏松、地质状况比较复杂的地区，但遇到土层有较大孤石时，该工艺无法实施，应改用其他工艺穿过孤石。

1. 锤击沉管灌注桩

在锤击沉管灌注桩施工时，用桩架吊起钢套管，对准预先设在桩位处的预制钢筋混凝土桩靴，套管与桩靴连接处要垫以麻、草绳，以防止地下水渗入管内。然后缓缓放下套管，套入桩靴压进土中。套管上端扣上桩帽，检查套管与桩锤是否在同一垂直线上。套管偏斜<0.5%时，即可用锤击打桩套管。先用低锤轻击，如无偏移再正常施打，直至符合设计要求的贯入度或沉入标高，并检查管内有无泥浆或水进入，如果没进水就可以灌筑混凝土。套管内混凝土应尽量灌满，然后开始拔管。拔管要均匀，第一次拔管高度控制在能容纳第二次所需的混凝土灌注量为限，不宜过高，应保证管内不少于2m高度的混凝土。拔管时应保持连续不停地锤击，并控制拔管速度，对一般土层，不大于 1 m/min 为宜，在软弱土层及软硬土层交界处，应控制在 0.8 m/min 以内。桩冲击频率视锤的类型而定。单动汽锤采用倒打拔管，频率不低于 70 次/min；自由落锤轻击不得少于 50 次/min。在管底未拔到桩顶设计标高之前，倒打或轻击不得中断。拔管时还要经常探测混凝土落下的扩散情况，注意保持管内的混凝土略高于地面，这样一直到安全管拔出为止。桩的中心距在 5 倍桩管径以内或小于 2 m 时，均应跳打，中间空出的桩须待邻桩混凝土达到设计强度的 50% 以后，方可施工。锤击灌注桩适用于一般黏性土、淤泥土、砂土。

2. 振动沉管灌注桩

振动沉管灌注桩采用激振器或振动冲击沉管。施工时，先安装好桩机，将桩套管下端活瓣合起来，对准桩位，徐徐放下套管，压入土中，勿使偏斜，即可开动激振器沉管。当桩管沉到设计标高，且最后30 s 的电流值、电压值符合设计要求后，停止振动，用吊斗将混凝土灌入桩管内，然后再开动激振器、将卷扬机拔出钢管，边振边拔。沉管时必须严格控制最后 4 min 的灌入速度，其值按设计要求，或根据试桩和当地长期的施工经验确定。振动灌注桩可采用单打法、反插法或复打法施工。

3. 夯压成型沉管灌注桩

夯压成型沉管灌注桩（简称夯压桩）是在锤击沉管灌注桩的基础上发展起来的。它是利用打桩锤将内外钢管沉入土层中，由内夯管夯扩端部混凝土，使桩端形成扩大头，再灌注桩身混凝土，用内夯管和桩锤顶压在管内混凝土面形成桩身混凝土。夯压桩直径一般为400~500 mm，扩大头直径一般可达 450~700 mm，桩长可达 20 m，适用于中低压缩性黏土、粉土、砂土、碎石土、强风化岩等土层。

夯压桩的机械设备同锤击沉管桩，常用 D1-25 型柴油锤，外管底部采用开口，内夯管底部可采用闭口平底或闭口锥底，内外钢管底部间隙不宜过大，通常内管底部比外管内径小 20~30 mm，以防沉管过程中土挤入管内。内外管高低差一般为 80~100mm（内管较短）。在沉管过程中，不用桩尖、外管封底，采用干硬性混凝土或无水混凝土，经夯击形成柔性阻水、阻泥管塞。当不出现由内、外管间隙涌水、涌泥时，使用上述封底措施；当地下水量较大，涌水、涌泥现象严重时，也可在底部加一块镀锌铁皮或预制混凝土桩尖，以更好地达到止水目的。夯压桩成孔深度控制同锤击沉管桩，当持力层为砂土、碎石土、残积土时，桩端达到设计贯入度后，宜再锤击两次，以利于提高地基土的承载力。

4. 人工挖孔灌注桩

人工挖孔灌注桩是指采用人工挖掘方法进行成孔，然后安装钢筋笼，浇筑混凝土，成为支撑上部结构的桩。人工挖孔桩的优点是：设备简单，噪声小，振动小，对周围的原有建筑物影响小；施工现场较干净；土层情况明确，可直接观察到地质变化情况，桩底沉渣能清除干净，施工质量可靠。当高层建筑采用大直径的混凝土灌注桩时，人工挖孔比机械成孔具有更强的适应性，因此近年来随着我国高层建筑的发展，人工挖孔桩得到较广泛的运用，特别在施工现场狭窄的市区修建高层建筑时，更显示其优越性。但人工挖孔桩施工时，工人在井下作业，施工安全应予以特别重视，要严格按操作规程施工，制定可靠的安全措施。

1. 施工机具

第一，电动葫芦和提土桶，用于施工人员上下和材料与弃土的垂直运送。若孔较浅，也可用独木杠杆提升土石。

第二，潜水泵，用于抽出桩孔中的积水。

第三，鼓风机和输风管，用于向桩孔中强制送入新鲜空气。

第四，镐、锹、土筐、照明灯、对讲机等。

2. 施工工艺

第一，按设计图纸放线、定桩位。

第二，开挖土方，采取分段开挖的方式，每段高度决定于土壁保持直立状态的能力。一般 0.5~1.0 m 为一施工段，开挖范围为设计桩径，加扩壁厚度。

第三，支设护壁模板。模板高度取决于开挖土方施工段的高度，一般为 1 m，由 4~8 块活动钢模板组合而成。

第四，在模板顶部放置操作平台。平台可用角钢和钢板制成半圆形，两个合起来即为一个整圆，用来临时放置混凝土和浇筑混凝土。

第五，浇筑护壁混凝土。护壁混凝土要捣实，因它起着防止土壁塌陷与防水的双重作用，第一节护壁厚度宜增加 100～150 mm，上下节护壁用钢筋拉结。

第六，拆除模板继续下一段的施工。当护壁混凝土达到 1 MPa，常温下约 24 h 后方可拆除模板，开挖下一段的土方，再支撑浇筑护壁混凝土，如此循环，直至挖到设计要求深度。

第七，排除孔底积水，浇筑桩身混凝土。当混凝土浇筑至钢筋笼的底面设计标高时，再安放钢筋笼继续浇筑桩身混凝土。浇筑时，混凝土必须通过溜槽；当高度超过 3 m 时，应用串筒，串筒末端离孔底高度不宜大于 2 m，混凝土宜采用插入式振捣器捣实。

5. 灌注桩施工质量要求

灌注桩施工质量检查包括对成孔及清孔、钢筋笼制作及安放、混凝土搅拌及灌注等工序过程的质量检查。成孔及清孔时主要检查已成孔的中心位置、孔深、孔径、垂直度、孔底沉渣厚度；钢筋笼制作安放时主要检查钢筋规格，焊条规格、品种，焊口规格，焊缝长度，焊缝外观和质量，主筋和箍筋的制作偏差及钢筋笼安放的实际位置等；混凝土搅拌和灌注时主要检查原材料质量与计量，混凝土配合比、坍落度等；对于沉管灌注桩还要检查打入深度、停锤标准、桩位及垂直度等。

对于一级建筑物和地质条件复杂或成桩技术可靠性较低的桩基工程，应采用静载检测和动测法检查；对于大直径桩还可以采取钻取岩心、预埋管超声检测法检查，数量根据具体情况由设计确定。桩基验收应包括下列资料：

第一，工程地质勘察报告、桩基施工图、图纸会审纪要，设计变更单及材料代用通知单等。

第二，经审定的施工组织设计、施工方案及执行中的变更情况。

第三，桩位测量放线图，包括工程桩位线复核签证单。

第四，桩质量检查报告。

第五，单桩承载力检测报告。

第六，基坑挖至设计标高的基桩竣工平面图及桩顶标高图。

第三节　钢筋工程施工技术

一、钢筋冷加工

（一）钢筋冷拉

钢筋冷拉是在常温下，以超过钢筋屈服强度的拉应力拉伸钢筋，使钢筋产生塑性变形,以提高强度,节约钢材,同时对钢筋进行调直、除锈。

1. 冷拉原理

钢筋冷拉后有内应力存在,内应力会促进钢筋内的晶体组织调整,经过调整,屈服强度又进一步提高。该晶体组织调整过程称为"时效"。采用控制应力方法冷拉钢筋时,其冷拉控制应力下的最大冷拉率应符合规定。

冷拉时应检查钢筋的冷拉率,如超过相关规定,应进行屈服点、抗拉强度和伸长率试验。如果钢筋冷拉尚未达到控制应力,而个别钢筋的冷拉率已经达到最大值,则应立即停止冷拉,对其鉴别后使用。以控制应力方法冷拉钢筋易于保证钢筋质量,在有测力计的条件下应优先采用。采用控制冷拉率方法冷拉钢筋时,冷拉率应由试验确定。一般以来料批为单位,测定同炉批钢筋冷拉率时的冷拉应力,应符合其试样不少于4个,并取其平均值作为该批钢筋实际采用的冷拉率。不同炉批的钢筋,不宜用控制冷拉率的方法进行钢筋冷拉。多根连接的钢筋,用控制应力的方法进行冷拉时,其控制应力和每根的冷拉率均应符合规定;当用控制冷拉率的方法进行冷拉时,冷拉率可按总长计,但冷拉后每根钢筋的冷拉率不得超过规定。

钢筋冷拉时,冷拉速度不宜过快,宜控制在 0.5~1 m/min,达到规定的制应力(或冷拉率)后,须稍停再放松。钢筋伸长值的起点,以拉紧钢筋(约为冷拉应力的10%)时为准,负温下采用控制冷拉率方法时,冷拉率与常温相同;采用控制应力方法,当气温低于-20℃时,由于钢筋的屈服强度随温度降低而提高,故其控制应力应比常温下提高 30~50 N/mm^2,钢筋不得在-30℃以下进行冷拉。

2. 冷拉设备

冷拉设备主要由拉力装置、承力结构、钢筋夹具和测力装置等组成,拉力装置由卷扬机、张拉小车及滑轮组等组成。承力结构可采用钢筋混凝土压杆(又称冷拉槽)或地锚,测力装置可采用电子秤传感器或弹簧测力计等。冷拉设备的冷拉能力应大于钢筋的冷拉力。

(二) 钢筋冷拔

冷拔是使直径 6~8 mm 的热轧低碳钢圆盘条钢筋在常温下强力通过特制的钨合金拔丝模孔,在拉伸与压缩的共同作用下,产生塑性变形。因钢筋内部晶粒的变化比冷拉时更大,从而使强度大幅度提高,但塑性降低,呈硬钢性质。

冷拔的工艺流程为:钢筋轧头—除皮—拔丝。轧头是用一对轧辊将钢筋端部轧细,以便钢筋通过拔丝模孔口。除皮是钢筋通过两个变向槽轮,反复弯曲除去表面的氧化皮或锈层。拔丝时，钢筋须通过润滑剂进入拔丝模。润滑剂常用生石灰 100 kg、动物油 20 kg、石蜡 5 kg、水适量配制而成。影响钢筋冷拔质量的主要因素为原材料质量和冷拔总压缩率。冷拔总压缩率是指由盘条冷拔至成品钢丝的横截面总压缩率。冷拔总压缩率越大，钢丝的抗拉强度越高，但塑性越低。冷拔低碳钢丝有时要经多次冷拔而成，每次冷拔的压缩率不宜太大，否则拔丝机的功率大，拔丝模易损耗，且易断丝。一般前道钢丝和后道钢丝的直径之比以 1：0.87 为宜。冷拔次数亦不宜过多，否则易使钢丝变脆。直径 5 mm 的冷拔低碳钢丝，宜用直径 8 mm 的圆盘条拔制；直径 4 mm 或小于 4 mm 者，宜用直径 6.5 mm 的圆盘条拔制。冷拔低碳钢丝经调直机调直后，抗拉强度约降低 8%~10%，塑性有所改善，使用时应加以注意。

二、钢筋的一般加工

钢筋的一般加工主要包括钢筋的调直、切断和弯曲。

钢筋的调直方法有机械调直和人工调直两种。通常直径在 10 m 以下的盘圆钢筋用调直机或卷扬机调直；直径在 10 mm 以上的直条粗钢筋用锤击法人工调直。当采用冷拉方法调直钢筋时，必须注意控制冷拉率，Ⅰ级钢筋不得超过 4%，Ⅱ、Ⅲ级钢筋不得超过 1%。

钢筋的切断通常用切断机。切断机分机械传动和液压传动两类，可切断直径为 6~40mm 左右的钢筋。切断钢筋时应注意先断长料，后断短料，受力钢筋下料长度的允许偏差为 ±10 mm。

钢筋可采用弯曲机械弯曲成型，以减轻劳动强度，提高工效，保证质量。钢筋弯曲机通常有两个工作速度，低速用于直径为 24~40 mm 的钢筋，中速用于直径为 18 mm 以下的钢筋。钢筋弯曲时，弯曲直径不宜过小。

三、钢筋连接

工程中钢筋往往因长度不足或因施工工艺上的要求进行连接。目前，施工中应尽量采用焊接的连接方式。绑扎连接和焊接连接已列入规范，机械加工连接正在推广应用，化学材料锚固连接在我国尚很少采用。

（一）绑扎连接

采用绑扎连接时，其搭接长度、位置、端部弯钩等要求应符合规范的规定。这种连接方式可在直径不太大的钢筋中应用。其优点是施工方便，不受设备条件、施工条件的限制。缺点是用钢量大，钢筋的传力性能不太理想，在接头处，由于一根钢筋变成两根，有

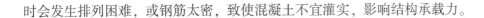

时会发生排列困难，或钢筋太密，致使混凝土不宜灌实，影响结构承载力。

（二）焊接连接

焊接连接是目前应用得最广泛的一种钢筋连接方法。该方法的优点是传力性能好，节约钢材，适用范围广。问题是需要技术高的焊工，用电量大，焊接接头的焊接质量与钢材的焊接性、焊接工艺有关。钢材的焊接性是指在一定的焊接工艺条件下，获得优质焊接接头的难易程度，也就是金属材料对焊接加工的适应性。钢材的焊接性可根据钢材的化学成分与焊接热影响区淬硬性的关系，把钢中合金元素（包括碳）的含量用碳当量粗略地评定。

1. 闪光对焊

闪光对焊是将焊件装配成对接接头，接通电源，并使其端面逐渐移近达到局部接触，利用电阻热加热这些触点（产生闪光），使端面金属熔化，直至端部在一定深度范围内达到预定温度时，迅速施加顶锻力完成焊接的方法。

闪光对焊分为连续闪光焊和预热闪光焊两种。连续闪光焊是自闪光一开始就徐徐移动钢筋，形成连续闪光，接头处逐步被加热。连续闪光焊工艺简单，宜于焊接直径 25 mm 以内的 I～II 级钢筋。预热闪光焊是首先连续闪光，使钢筋端面闪平，然后使接头处做周期性的闭合拉开，每一次都激起短暂的闪光，使钢筋预热，接着再连续闪光，最后顶锻。预热闪光焊能焊 IV 级钢筋以及直径较大的 I～II 级钢筋。

闪光对焊的焊接过程一般可以分成预热、闪光（俗称烧化）、顶锻等阶段。

（1）预热阶段

预热阶段是闪光对焊在闪光阶段之前先以断续的电流脉冲加热工件。

第一，预热的速度控制。一般预热时焊件的接近速度大于连续闪光初期速度，焊件短接后稍延时即快速分开呈开路，即进入匀热期，如此反复直至加热到预定温度。预热可以通过计数（短接次数）、计时或行程（设预热留量）来控制。

第二，预热的转换。预热结束时，可以将焊件的接近速度降低，使焊件从预热阶段转入闪光阶段。转换的方式有两种：一种是强制转入闪光阶段，这样预热的热输入方式和能量可任意调节，过程转换点稳定；一种是采用自然转换方式，此时预热时的焊件靠近速度须选用闪光初期的靠近速度，当焊件端面升温到某值时可自然转入闪光阶段。

（2）闪光阶段

闪光阶段是闪光对焊加热过程的核心。闪光的主要作用是加热工件。在此阶段，先接通电源，并使两个工件端面轻微接触。电流通过时，接触点熔化，成为连接两端面的液体金属过梁。在电流的作用下，随着动夹钳的缓慢推进，过梁的液体金属不断产生、蒸发。

液态金属微粒不断从接口间喷射出来,形成火花急流——闪光。

在闪光过程中,工件逐渐缩短,端头温度也逐渐升高,动夹钳的推进速度也必须逐渐加大。在闪光过程结束前,工件整个端面形成一层液体金属层,并在一定深度上使金属达到塑性变形温度。

在这个阶段,闪光必须稳定而且强烈。所谓稳定是指在闪光过程中不发生断路和短路现象。断路会减弱焊接处的自保护作用,接头易被氧化。短路会使工件过烧,导致工件报废。所谓强烈是指在单位时间内有相当多的过梁爆破。闪光越强烈,焊接处的自保护作用越好,这在闪光后期尤为重要。

(3)顶锻阶段

在闪光阶段结束时,立即对工件施加足够的顶锻压力,接口间隙迅速减小,过梁停止爆破,即进入顶锻阶段。顶锻是实现焊接的最后阶段。顶锻时,要封闭焊件端面的间隙,排除液态金属层及其表面的氧化物杂质。顶锻阶段包括初期通电顶锻和断电继续顶锻(送进加压)的过程。顶锻是一个快速的锻击过程。它的前期是封闭焊件端面的间隙,防止再氧化,这段时间越快越好。当端面间隙封闭后,断电并继续顶锻。

顶锻留量包括间隙、爆破留下的凹坑、液态金属层尺寸及变形量。加大顶锻留量有利于彻底排除液态金属和夹杂物,保证足够的变形量。一般建议最大扭曲角不应超过80°,液态金属刚挤出接口呈"第三唇"即可。

2. 电弧焊

电弧焊可分为手工电弧焊、半自动(电弧)焊、自动(电弧)焊。自动(电弧)焊通常是指埋弧自动焊,是在焊接部位覆有起保护作用的焊剂层,由填充金属制成的光焊丝插入焊剂层,与焊接金属产生电弧,电弧埋藏在焊剂层下,电弧产生的热量熔化焊丝、焊剂和母材金属形成焊缝,其焊接过程是自动进行的。使用最普遍的是手工电弧焊。

施工现场常用交流弧焊机使焊条与钢筋间产生高温电弧。焊条的表面涂有焊药,以保证电弧稳定燃烧,同时焊药燃烧时形成气幕可使焊缝不致氧化,并能产生熔渣覆盖焊缝,减缓冷却速度。选择焊条时,其强度应略高于被焊钢筋。对重要结构的钢筋接头,应选用低氢型碱性焊条。

钢筋电弧焊接头的主要形式有:搭接焊接头、帮条焊接头、坡口焊接头,以及窄间隙焊接头。

(1)搭接焊与帮条焊接头

搭接焊接头,只适用于Ⅰ级钢筋。钢筋宜预弯,以保证两钢筋的轴线在同一直线上。帮条焊接头,可用于Ⅰ、Ⅱ级钢筋。帮条宜采用与主筋同级别、同直径的钢筋制作。搭接

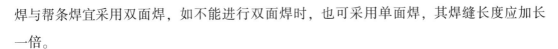

焊与帮条焊宜采用双面焊，如不能进行双面焊时，也可采用单面焊，其焊缝长度应加长一倍。

（2）坡口焊接头

坡口焊分为平焊和立焊两种，适用于装配式框架结构的节点，可焊接直径 18~45 mm 的Ⅰ、Ⅱ、Ⅲ级钢筋。钢筋坡口平焊，采用 V 形坡口，坡口角度为 55°~65°，根部间隙为 4~6 mm，下垫钢板。钢筋坡口立焊，采用半 V 形坡口，坡口角度为 40°~55°，根部间隙为 3~5 mm，亦贴有焊板。

（3）窄间隙焊接头

水平钢筋窄间隙焊接适用于直径 20 mm 以上钢筋的现场水平连接。焊接时，两钢筋端部置于 U 形铜模中，留出 10~15 mm 的窄间隙，用焊条连接焊接，熔化钢筋端面，并使熔化金属充填间隙形成接头。

3. 电渣压力焊

电渣压力焊是将两钢筋安放成竖向或斜向（倾斜度在 4∶1 的范围内）对接形式，利用焊接电流通过两钢筋间隙，在焊剂层下形成电弧过程和电渣，产生电弧热和电阻热，熔化钢筋，加压完成的一种压焊方法。简单地说，电渣压力焊就是利用电流通过液体熔渣所产生的电阻热进行焊接的一种熔焊方法。它工效高、成本低，高层建筑施工中已取得很好的效果。

电渣压力焊的主要设备包括：二相整流或单相交流电的焊接电源；夹具、操作杆及监控仪的专用机头；可供电渣焊和电弧焊两用的专用控制箱等。电渣压力焊耗用的材料主要有焊剂及铁丝。因焊剂要求既能形成高温渣池和支托熔化金属，又能改善焊缝的化学成分提高焊缝质量，所以常选用含锰、硅量较高的埋弧焊的"431"焊剂，并避免焊剂受潮，以免在高温作用下产生蒸汽，使焊缝有气孔。铁丝常采用绑扎钢筋的直径为 0.5~1 mm 的退火铁丝，制成球径不小于 10 mm 的铁丝球，用来引燃电弧（也可直接引弧）。电渣压力焊的工艺过程如下：

（1）电弧引燃过程

焊接夹具夹紧上下钢筋，在钢筋端面处安放引弧铁丝球，焊剂灌入焊剂盒，接通电源，引燃电弧。

（2）造渣过程

靠电弧的高温作用，将钢筋端面周围的焊剂充分熔化，形成渣池。

（3）电渣过程

当钢筋断面处形成一定深度的渣池后，将上钢筋缓慢插入渣池中，此时电弧熄灭，渣池电流加大，渣池因电阻较大，温度迅速升到 2 000℃以上，将钢筋端头熔化。

（4）挤压过程

当钢筋端头熔化达一定量时，加力挤压，将熔化金属和熔渣从结合部挤出，同时切断电源。电渣压力焊工艺参数主要有焊接电流、焊接电压、通电时间、钢筋熔化量以及挤压力大小等。

4. 气压焊

气压焊也属于焊接中的压焊。钢筋气压焊是利用乙炔与氧混合气体燃烧所形成的火焰加热钢筋两端面，使其达到塑化状态，在压力作用下，获得牢固接头的焊接方法。这种焊接方法设备简单、工效高、成本较低，适用于各种位置的直径为 16~40 mm 的Ⅰ、Ⅱ级钢筋焊接连接。

气压焊的焊接原理与熔焊不同，它是钢筋端部加热后，产生塑性变形，促使钢筋端面的金属原子互相扩散，在进一步加热至钢材熔点的 0.80~0.90 倍（1 250~1 350℃）时，进行加压顶锻，使钢筋端面更加紧密接触，在温度和压力作用下，晶粒重新组合再结晶而达到焊合的目的。钢筋气压焊设备由供气装置、多嘴环管加热器、加压器以及焊接夹具等组成。钢筋气压焊的工艺过程为：

第一，接合前端面处理与钢筋轴线垂直切平端面。在焊接前用角向磨光机将钢筋端面打磨干净。

第二，初期压焊，用碳化火焰接缝连续加热，以防接合面氧化。待接缝处钢筋红热时，施加 30~40 N/mm² 的截面压强，直至钢筋端面闭合。

第三，主压焊，把加热焰调成乙炔稍多的中性焰，沿钢筋轴向在 2d（d 为钢筋直径）范围内宽幅加热。

（三）机械加工连接

机械加工连接正在中国得到发展和推广应用。目前正在推广的有两种方法：一种是套筒冷压连接工艺，另一种是锥螺纹套筒连接工艺。这两种套筒连接方法与绑扎连接方法相比，受力性能好，可节省钢材；与焊接方法相比，用电省，不受气候和高空作业影响，没有明火，操作简单，施工速度快，不需要熟练工种，质量易于保证，但造价要稍高些。

1. 钢筋套筒冷压连接

钢筋套筒冷压连接是将须连续的变形钢筋插入特制钢套筒内，利用液压驱动的挤压机进行径向或轴向挤压，使钢套筒产生塑性变形，使它紧紧咬住变形钢筋实现连接。它适用于竖向、横向及其他方向的较大直径变形钢筋的连接。与焊接相比，它具有节省电能、不受钢筋可焊性好坏影响、不受气候影响、无明火、施工简便和接头可靠度高等特点。

钢筋挤压连接的工艺参数，主要是压接顺序、压接力和压接道数。压接顺序应从中间向两端压接。压接力要能保证套筒与钢筋紧密咬合，压接力和压接道数取决于钢筋直径、套筒型号和挤床机型号。

2. 钢筋锥螺纹套筒连接

用于这种连接的钢套筒内壁，用专用机床加工呈锥形螺纹，钢筋的对接端头亦在套丝机上加工有与套筒匹配的锥螺纹。连接时，经对螺纹检查无油污和损伤后，先用手旋入钢筋，然后用扭矩扳手紧固至规定的扭矩即完成连接。该方法具有速度快、质量稳定、对中性好等优点，其在中国一些大型工程中多有应用。

对套筒冷压接头，要求从每批成品（每 500 个相同规格、相同制作条件的接头为一批，不足 500 个仍为一批）中，切取 3 个试件做拉伸试验，每个试件实测的抗拉强度值均不应小于该级别钢筋的抗拉强度标准值的 1.05 倍或该试件钢筋母材的抗拉强度。对锥形螺纹套筒接头，要求从每批成品（每 300 个相同规格接头为一批，不足 300 个仍为一批）中，取 3 个试件做拉伸试验，每个试件的屈服强度实测值不小于钢筋的屈服强度标准值，并且抗拉强度实测值与钢筋屈服强度标准值的比值不小于 1.35 倍。

第四节　混凝土工程施工技术

一、混凝土的浇筑

混凝土是指由胶凝材料将集料胶结成整体的工程复合材料的统称。通常讲的混凝土一词是指用水泥作为胶凝材料，砂、石做集料，与水（可含外加剂和掺和料）按一定比例配合，经搅拌而得的水泥混凝土，也称普通混凝土，它广泛应用于土木工程。商品混凝土是指以集中搅拌、远距离运输的方式向建筑工地供应的混凝土。商品混凝土是现代混凝土与现代化施工工艺的结合，它的普及程度能代表一个国家或地区的混凝土施工水平和现代化程度。集中搅拌的商品混凝土主要用于现浇混凝土工程，混凝土从搅拌、运输到浇灌需 1 ~2h，有时超过 2 h，因此商品混凝土搅拌站合理的供应半径应在 10 km 之内。

（一）混凝土浇筑的基本要求

1. 防止离析

混凝土离析，主要是指混凝土拌和物组成材料之间的黏聚力不足、粗骨料下沉的现象。一般情况下，如果混凝土中分泌出了大量的水，基本上能够确定，混凝土已经发生了离析。离析之后的混凝土，各种组成材料会呈现出明显的分层现象，骨料在最下层，水在最上层。如果这个时候搅动混凝土，我们会发现，它已经失去了原有的黏性。所以，离析之后的混凝土主要表现为：分离和分层、抓底、和易性差等。而这些都能导致混凝土的性能发生改变，最终影响工程质量。离析是混凝土最常见的问题之一，它不仅会改变混凝土的泵送性能，也可能导致混凝土的功能性变差。

为此，混凝土自高处倾落的自由高度不应超过 2 m，在竖向结构中限制自由倾落高度不宜超过 3 m，否则应沿串筒、斜槽、溜管或振动溜管等下料。

2. 正确留置施工缝

作为一种特殊的工艺缝，施工缝是按设计要求或施工需要分段浇筑，在先浇筑的混凝土达到一定强度后继续浇筑混凝土所形成的接缝。当由于安装上部钢筋、重新安装模板和脚手架等客观原因，或工人换班、分段或分层浇筑混凝土等主观原因，不能连续将结构整体浇筑完成，且停歇时间可能超过混凝土的初凝时间时，应预先确定在适当的部位留置施工缝。

（1）留设原则

由于施工缝处新老混凝土连接的强度可能比整体混凝土强度低，所以施工缝的留设位置应事先计划，在混凝土浇筑前确定，防止产生薄弱环节。

施工缝宜留设在结构受剪力较小且便于施工的位置。对于受力复杂的结构构件或有防水抗渗要求的结构构件，施工缝留设位置应经设计单位确认。

（2）留设位置

①水平施工缝

水平施工缝的留设位置应符合下列规定：

第一，柱、墙施工缝可留设在基础、楼层结构顶面，柱施工缝与结构上表面的距离宜为 0~100 mm，墙施工缝与结构上表面的距离宜为 0~300 mm。

第二，柱、墙施工缝也可留设在楼层结构底面，施工缝与结构下表面的距离宜为 0~50 mm。当板下有梁托时，可留设在梁托下 0~20 mm。

第三，高度较大的柱、墙、梁以及厚度较大的基础，可根据施工需要在其中部留设水平施工缝；当因施工缝留设改变受力状态而需要调整构件配筋时，应经设计单位确认。

第四，特殊结构留设水平施工缝应经设计单位确认。

②竖向施工缝

竖向施工缝的留设位置应符合下列规定：

第一，有主次梁的楼板施工缝应留设在次梁跨度中间 1/3 的范围内。

第二，单向板施工缝应留设在与跨度方向平行的任何位置。

第三，楼梯梯段施工缝宜设置在梯段板跨度端部 1/3 的范围内。

第四，墙的施工缝宜设置在门洞口过梁跨中 1/3 的范围内，也可留设在纵横墙交接处。

第五，特殊部位留设竖向施工缝应经设计单位确认。

③设备基础施工缝

设备基础施工缝留设位置应符合下列规定：

第一，水平施工缝应低于地脚螺栓底端，与地脚螺栓底端的距离应大于 150 mm；当地脚螺栓直径小于 30 mm 时，水平施工缝可留设在深度不小于地脚螺栓埋入混凝土部分总长度的 3/4 处。

第二，竖向施工缝与地脚螺栓中心线的距离不应小于 250 mm，且不应小于螺栓直径的 5 倍。

（3）留设界面处理

施工缝留设界面应垂直于结构构件和纵向受力钢筋。结构构件厚度或高度较大时，施工缝或后浇带界面宜采用专用材料封挡。

在混凝土浇筑过程中，因特殊原因须临时设置施工缝时，施工缝留设应规整，并宜垂直于构件表面，必要时可采取增加钢筋、事后修凿等技术措施，还应采取钢筋防锈或阻锈等保护措施。

在混凝土浇筑过程中，因暴雨、停电等特殊原因无法继续浇筑混凝土，或不满足有关要求而不得不临时留设施工缝时，施工缝应尽可能规整，留设位置和留设界面应垂直于结构构件表面，必要时可在施工缝处留设加强钢筋。如果临时施工缝留设在构件剪力较大处、留设界面不垂直于结构构件，应在施工缝处采取增加加强钢筋并事后修凿等技术措施，以保证结构构件的受力性能。

施工缝往往由于留置时间较长，容易受建筑废弃物污染，要求采取技术措施进行保护。保护内容包括模板、钢筋、预埋件位置的正确，还包括施工缝位置处已浇筑混凝土的质量；保护方法可采用封闭覆盖等技术措施。如果施工缝间隔施工时间可能会使钢筋产生锈蚀情况，还应对钢筋采取防锈或阻锈措施。

（4）混凝土浇筑规定

在施工缝处继续浇筑混凝土时，应符合下列规定：

第一，结合面应为粗糙面，并应清除浮浆、松动石子、软弱混凝土层。

第二，结合面处应洒水湿润，并不得有积水。

第三，施工缝处已浇筑混凝土的强度不应小于 1.2 MPa。

第四，柱、墙水平施工缝水泥砂浆接浆层厚度不应大于 30 mm，接浆层水泥砂浆应与混凝土浆液成分相同。

（二）混凝土的浇筑方法

1. 分层浇筑

浇筑混凝土采用分层浇筑的方式时，首先要保证下层的混凝土处于初步凝结的状态，能够有效地确保混凝土结构的整体性、施工过程的连续性。总之，浇筑混凝土的各个环节要实现统一协调、互相配合，在混凝土的搅拌、浇筑、运输以及振捣等各个阶段，施工单位要根据不同的情况选择不同的方案。

（1）全面分层方式

所谓全面分层方式，指的是在混凝土的整体结构中，对混凝土进行全面分层浇筑。例如，对第一层浇筑结束后对第二层进行浇筑，对第二层浇筑结束后对第三层进行浇筑，依据这样的方式一直持续下去，直到浇筑完毕为止。要注意运用这样的浇筑方式，要确保结构面不大并且在施工过程中遵循从短边开始、沿着长边方向进行的原则。当然也可以根据实际情况，选择从中间向两端或者从两端向中间的浇筑方式。

（2）分段分层方式

全面分层的浇筑方式，具有强度大的优点，但是如果施工现场所运用的机械不能满足施工要求，运用分段分层的浇筑方式就能够实现混凝土的浇筑。运用分段分层方式时，首先要从混凝土的底层进行浇筑，过一段时间后对第二层进行浇筑，然后按照从上到下的浇筑顺序进行浇筑，这种方式适用于厚度小、面积大、长度长的混凝土结构形式。施工人员要根据工程的实际需要灵活选择运用的方法。

（3）斜面分层方式

斜面分层的浇筑方式适用于长度长、厚度大的混凝土结构。进行浇筑时首先一次性将混凝土浇筑到顶端，使混凝土的斜面形成 1∶3 的斜面坡度，运用自上而下的方式，认真、仔细地进行浇筑，确保混凝土的施工质量。

2. 连续浇筑

浇筑混凝土应连续进行，如必须间歇，其间歇时间应尽量缩短，并应在前层混凝土初凝之前，将次层混凝土浇筑完毕。混凝土运输、浇筑及间歇的全部时间不得超过规定，若超过则应留置施工缝。

3. 现浇钢筋混凝土框架结构的浇筑

浇筑前首先要划分施工层和施工段。施工层一般按结构层划分，而每一施工层如何划分施工段，则要考虑工序数量、技术要求、结构特点等。当木工在第一施工层安装完模板，准备转移到第二施工层的第一施工段上时，下面第一施工层的第一施工段所浇筑的混凝土强度应达到允许工人在上面操作的强度。

浇筑柱子时，一个施工段内的每排柱子应由外向内按对称的顺序浇筑，不要由一端向另一端推进，以防柱子模板因误差积累难以纠正。断面在 400 mm×400 mm 以内，或有交叉箍筋的柱子，应在柱子模板侧面开孔用斜溜槽分段浇筑，每段高度不超过 2 m；断面在 400 mm×400 mm 以上，无交叉箍筋的柱子，如柱子高度不超过 4.0 m，可从柱顶浇筑，如用轻骨料混凝土从柱顶浇筑，则柱高不得超过 3.5 m，柱子开始浇筑时，底部应先浇筑层厚 50~100 mm 与所浇筑混凝土内砂浆成分相同的水泥砂浆或水泥浆。浇筑完毕后，如柱顶处有较大厚度的砂浆层，则应加以处理。柱子浇筑后，待混凝土拌和物初步沉实后，再浇筑上面的梁板结构。

梁和板一般同时浇筑，从一端开始向前推进。只有当梁高大于 1 m 时才允许将梁单独浇筑，此时的施工缝留在楼板板面下 20~30 mm 处。梁底与梁侧面应振实，振动器不要直接触及钢筋和预埋件。楼板混凝土的虚铺厚度应略大于板厚，用表面振动器振实，用铁插尺检查混凝土厚度，振捣完后用长的木抹子抹平。浇筑叠合式受弯构件时，应按设计要求确定是否设置支撑，且叠合面应有不小于 6 mm 的凸凹差。

4. 大体积混凝土浇筑

所谓大体积混凝土，主要指的是最小尺寸在 1 m 以上的混凝土结构，具有提升整体结构稳定性的作用。在建筑行业不断发展的过程中，大体积混凝土浇筑技术的应用领域越来越广，不论是工业厂房的施工，还是大型基础设施工程，抑或是房屋建筑施工，均可以应用得到，且效果良好，甚至可以有效改善传统混凝土应用中存在的裂缝问题。但该技术在应用时较易受到其他因素的影响，进而影响实际应用效果，甚至给工程质量带来不良影响。

（1）控制混凝土温度

大体积混凝土浇筑时，要将混凝土入模温度控制在 30℃ 以内，如果是在高温季节施工，要对混凝土的原材料采取一定的降温措施，防止现场混凝土的温度过高。混凝土内部和表面的温差应在 25℃ 以内，混凝土表面和大气的温差应在 20℃ 以内，要避免由于温差过大和降温过快产生的强度应力超过混凝土的抗拉强度，造成混凝土开裂。

（2）浇筑方法

底板混凝土浇筑应横向浇筑、纵向推进，一个坡度、分层浇注、一次到顶，混凝土形成的坡度以 1∶10 到 1∶15，每层浇注厚度以不大于 500 mm 为宜。

混凝土分层浇筑时间须严格控制，下层混凝土初凝前要浇捣上层混凝土，防止出现冷缝现象。现场要配备发电机等应急设备，一旦出现突发情况要能进行相应的应急处理。

（3）混凝土振捣

大体积混凝土振捣采用"二次振捣工艺"，即在下层混凝土初凝前进行上层浇筑并对下层混凝土再次进行振捣。混凝土振捣要分层、定距、快插慢拔。振动棒要分三点布置，一点置于浆头，一点置于泵口，一点置于中间，振捣到浮浆不下沉、气泡不上浮。上层混凝土振捣时振捣棒应插入下层混凝土 100~200 mm，振捣时间一般以 15 s 为宜。

（4）二次抹压

大体积混凝土浇筑面应在 2 h 以内进行二次抹压处理，避免出现裂缝。这道工序很多单位都会忽略，导致后期混凝土表面出现很多裂缝。

二、混凝土的养护

混凝土浇筑结束后运用覆盖、浇水的方式使其能够有效实现混凝土的养护。除此之外，应安排相关人员看管混凝土，确保混凝土处于湿润状态。在夏天，可通过覆盖湿草帘或者浇水的方式养护，不能少于 7 d。混凝土拌和物经浇筑振捣密实后，即进入静置养护期，使其中的水泥逐渐与水起水化作用而增长混凝土的强度。在这期间应设法为水泥顺利水化创造条件，即进行混凝土的养护。因为水泥浆体中的最大颗粒被水化硅酸钙凝胶厚层所包裹，阻碍了水化作用，所以，实际上水泥颗粒不会完全水化。但养护的目的是在合理的代价内保证水泥尽可能水化。从理论上来说，如果水灰比不小于 0.42，即使不另外补充水分，混凝土中也有足够的水保证水泥完全水化。但当因蒸发作用和水化时可能发生的自干作用，而使混凝土内部相对湿度低于 80% 时，水化作用会停止，强度增长也会中断，结果使混凝土强度比其潜在的强度要低，对高强混凝土（水灰比低），其强度降低得更明显。因此，混凝土浇筑后的养护极为重要，须补充水分保证水化。混凝土养护一般可分为标准养护、自然养护和加热养护。

（一）标准养护

混凝土在温度为 20℃ 和相对湿度为 90% 以上的潮湿环境或水中进行的养护称为标准养护。该方法用于对混凝土立方体试件进行养护。

（二）自然养护

混凝土在平均气温高于5℃的条件下，相应地采取保湿措施（如浇水）所进行的养护称为自然养护。施工规范规定，应在浇筑完毕后的 12 h 以内对混凝土进行养护。

自然养护分浇水养护和表面密封养护两种。浇水养护就是用草帘将混凝土覆盖，经常浇水使其保持湿润。采用硅酸盐水泥、普通硅酸盐水泥或矿渣硅酸盐水泥时，养护时间不得少于 7 d。采用火山灰水泥、粉煤灰水泥、掺有缓凝型外加剂或有抗渗要求的混凝土，养护时间不得少于 14 d。对于有特殊要求的结构部位或特殊品种水泥，要根据具体情况确定养护时间，浇水次数以能保持湿润状态为宜。浇水养护简单易行、费用少，是现场最普遍采用的养护方法。

表面密封养护适用于不易浇水养护的高耸构筑物或大面积混凝土结构，混凝土表面覆盖薄膜后，能阻止其自由水的过多蒸发，保证水泥充分水化。表面密封养护的方法之一是将以过氯乙烯树脂为主的塑料溶液用喷枪喷洒到混凝土表面上，形成不透水塑料薄膜；方法之二是将以无机硅酸盐为主和其他有机材料为辅配制成的养护剂喷洒到混凝土表面，使其表面 1~3 mm 的渗透层范围内发生化学反应，既可提高混凝土表面强度，又可形成一层坚实的薄膜，使混凝土与空气隔绝。

（三）加热养护

加热养护主要是蒸汽养护。在混凝土构件预制厂内，将蒸汽通入封闭窑内，使混凝土构件在较高的温度和湿度环境中迅速凝结、硬化，一般养护 12 h 左右。在施工现场，可将蒸汽通入模板内，进行热模养护，以缩短养护时间。

三、混凝土冬季施工

（一）冬季混凝土施工的一般原理

混凝土拌和物浇筑后之所以逐渐凝结和硬化，直至获得最终强度，是由于水泥的水化作用。而水泥水化作用的速度除与混凝土本身组成材料和配合比有关外，还随着温度的高低而变化。当温度升高时，水化作用加快，强度增长也较快；而当温度降低到 0℃ 时，存在于混凝土中的水有一部分开始结冰，逐渐由液相（水）变成固相（冰）。这时参与水泥水化作用的水减少了。因此，水化作用减慢，强度增长相应较慢。温度继续下降，当存在于混凝土中的水完全变成冰，也就是完全液相变为固相时，水泥水化作用基本停止，此时强度就不再增长。

水变成冰后，体积约增大9%，同时产生约2 500 kg/cm² 的膨胀应力。这个应力值常常大于水泥内部形成的初期强度值，使混凝土受到不同程度的破坏（即早期受冻破坏）而降低强度。此外，当水变成冰后，还会在骨料和钢筋表面上产生颗粒较大的冰凌，减弱水泥浆与骨料和钢筋的黏结力，从而影响混凝土的抗压强度。冰凌融化后，又会在混凝土内部形成各种空隙，而降低混凝土的密实性及耐久性。

由此可见，在冬季混凝土施工中，水的形态变化是影响混凝土强度增长的关键。国内外许多学者对水在混凝土中的形态进行了大量试验，研究结果表明，新浇筑混凝土在冻结前有一段预养期，可以增加其内部液相，减少固相，加速水泥的水化作用。试验研究还表明，混凝土受冻前预养期越长，强度损失越小。

混凝土化冻后（即处在正常温度条件下）继续养护，其强度还会增长，不过增长的幅度大小不一。对于预养期长，获得初期强度较高（如达到 R28 的 35%）的混凝土受冻后，后期强度几乎没有损失。而对于安全预养期短，获得初期强度比较低的混凝土受冻后，后期强度都有不同程度的缩减。由此可见，混凝土冻结前，要使其在正常温度下有一段预养期，以加速水泥的水化作用，使混凝土获得不遭受冻害的最低强度，一般称临界强度，即可达到预期效果。对于临界强度，各国规定取值不等。

（二）冬季混凝土浇筑要求

第一，为保证混凝土的浇筑质量，防止温度发生变化影响质量，混凝土运至施工单位浇筑地点后应尽快浇筑，宜在 90 min 内卸料；采用翻斗车运输时，宜在 60 min 内卸料。

第二，冬季施工期间泵车润管水不得放入模板内；润管用过的砂浆也不得放入模板内，更不准集中浇筑在构件结构内。

第三，在浇筑过程中，施工单位应随时观察混凝土拌和物的均匀性和稠度变化。当浇筑现场发现混凝土坍落度与要求发生变化时，应及时与混凝土公司联系，及时进行调整。进入浇筑现场的混凝土严禁随意加水，更应杜绝边加水边泵送浇筑。

第四，当楼板、梁、墙、柱一起浇筑时，应先浇筑墙、柱，等待混凝土沉实后，再浇筑梁和楼板。浇筑墙、柱等较高构件时，一次浇筑高度以混凝土不离析为准，一般每层不超过 500 mm，捣平后再浇筑上层，浇筑时要注意振捣到位，使混凝土充满试模，不再显著下沉，无明显气泡排出。

第五，分层浇注厚度大的整体式结构混凝土时，已浇注层的混凝土温度在未被上一层混凝土覆盖前不应低于 2℃。采用加热养护时，养护前的温度不得低于 2℃。

第六，混凝土的入模温度不得低于5℃，浇注后，对混凝土结构易冻部位，必须加强保温。

（三）冬季混凝土施工方法

1. 冬季混凝土施工方法选择

从上述分析可以知道，在冬季混凝土施工中，主要应解决三个问题：

第一，如何确定混凝土最短的养护龄期。

第二，如何防止混凝土早期冻害。

第三，如何保证混凝土后期强度和耐久性以满足要求。

实际工程中，要根据施工时的气温情况，工程结构状况（工程量、结构厚大程度与外露情况），工期紧迫程度，水泥的品种及价格，早强剂、减水剂、抗冻剂的性能及价格，保温材料的性能及价格，热源的条件等，选择合理的施工方法。一般来说，对于同一个工程，可以有若干个不同的冬季施工方案。一个理想的方案，应当用最短的工期、最低的施工费用，来获得最优良的工程质量，也就是工期、费用、质量最佳化。

2. 冬季混凝土施工方法种类

（1）调整配合比方法

调整配合比方法主要适用于在0℃左右的混凝土施工，具体流程如下：

第一，选择适当品种的水泥是提高混凝土抗冻的重要手段。试验结果表明，应使用早强硅酸盐水泥。该水泥水化热较大，且在早期放出强度最高，一般3 d抗压强度大约相当于普通硅酸盐水泥7 d的强度，效果较明显。

第二，尽量降低水灰比，稍增水泥用量，从而增加水化热量，缩短达到龄期强度的时间。

第三，掺用引气剂。在保持混凝土配合比不变的情况下，加入引气剂后生成气泡，相应增加了水泥浆的体积，提高拌和物的流动性，改善其黏聚性及保水性，缓冲混凝土内水结冰所产生的水压力，提高混凝土的抗冻性。

第四，掺加早强外加剂，缩短混凝土的凝结时间，提高早期强度。

第五，选择颗粒硬度和缝隙少的集料，使其热膨胀系数和周围砂浆膨胀系数相同。

（2）蓄热法

蓄热法主要用于气温−10℃左右、结构比较厚大的工程。该方法就是对原材料（水、砂、石）进行加热，使混凝土在搅拌、运输和浇灌以后，还储备相当的热量，使水泥水化放热较快，并加强对混凝土的保温，以保证在温度降到0℃以前使新浇混凝土具有足够的抗冻能力。此法工艺简单，施工费用不高，但要注意内部保温，避免角部与外露表面受冻，且要延长养护临期。

（3）抗冻外加剂

抗冻外加剂法，是指在-10℃以上的气温中，对混凝土拌和物掺加一种能够降低水的冰点的化学剂，使混凝土在负温下仍处于液相状态，水化作用能继续进行，从而使混凝土强度继续增长。目前，常用的抗冻剂包括：氧化钙、氯化钠等单抗冻剂，以及亚硝酸钠加氯化钠。

（4）外部加热法

外部加热法主要用于气温-10℃以下、构件并不厚大的工程。加热混凝土构件周围的空气，将热量传给混凝土，或直接对混凝土加热，使混凝土处于正温条件下正常硬化。

第一，火炉加热。一般在较小的工地使用，方法简单，但室内温度不高，比较干燥，且释放出的二氧化碳会使新浇混凝土表面碳化，影响质量。

第二，蒸汽加热。用蒸汽使混凝土在湿热条件下硬化。此法较易控制，加热温度均匀。但因其需要专门的锅炉设备，费用较高，且热损失较大。

第三，电加热。将钢筋作为电极，或将电热器贴在混凝土表面，使电能转化为热能，以提高混凝土的温度。该方法简单方便，热损失较少，易控制，不足之处是电能消耗大。

第四，红外线加热。用高温电加热或气体红外线发生器，对混凝土进行密封辐射加热。

（四）冬季混凝土施工技术措施

1. 冬季施工混凝土组成材料的要求

第一，骨料：骨料中不得有冰块、雪团和有机物，骨料应易清洁、级配良好、质地坚硬。

第二，水：采用可饮用的自来水。

第三，外加剂：选用防冻剂。防冻剂的作用机理是在规定的负温下，显著降低混凝土的液相冰点，使混凝土在液态不结冰，保证水泥的水化作用，在一定的时间内获得预期的强度。防冻剂应通过技术鉴定，符合质量标准，并经实验室试验掌握其性能。

第四，水泥：显著活性高、水化热大的普通硅酸盐水泥。

2. 冬季混凝土搅拌及运输的要求

（1）混凝土的搅拌

第一，混凝土搅拌选用加热水的方法，80℃以上的热水不得与水泥直接接触，先将热水与骨料拌和而后掺入水泥搅拌混凝土，以避免水泥假凝，混凝土搅拌的时间不得少于 3 min。

第二，必要时对搅拌机周围进行防护，并进行通暖保温。

（2）冬季混凝土的运输的要求

①运输方式：混凝土冬期运输要求包括使用搅拌车进行运输，搅拌车能够保持混凝土在运输过程中不断搅拌，可以减少运输过程中的热量损失。

②运输时间：确保运输时间不超过规定时间，以避免混凝土在运输过程中出现冻结等现象。

第二章 建筑工程项目管理

第一节 建筑工程项目管理概论

一、项目管理的概念及特点

(一) 项目管理的概念

项目管理是指项目的管理者在一定的约束条件下，通过项目经理和项目组织的合作，运用系统的观点、方法和理论，对项目涉及的全部工作进行有效的管理，即从项目的投资决策开始到项目结束全过程的计划、组织、协调和控制，以实现项目特定目标的管理方法体系。

一定的约束条件是制定项目目标的依据，也是对项目控制的依据。项目管理的目的就是力求实现项目目标。项目管理的对象是项目，由于项目具有单件性或一次性，要求项目管理具有针对性、系统性、程序性和科学性。只有用系统的观点、方法和理论对项目进行管理，才能保证项目的顺利完成。

(二) 项目管理的特点

1. 每个项目都具有特定的管理程序和管理步骤

项目的一次性或单件性决定了每个项目都有特定的目标，而项目管理的内容和方法要针对项目目标而定，项目目标不同，则项目的管理程序和步骤也不尽相同。

2. 项目管理是以项目经理为中心的管理

由于项目管理具有较大的责任和风险，其管理涉及人力、技术、设备、资金等多方面因素，为了更好地进行计划、组织、指挥、协调和控制，必须实施以项目经理为中心的管理模式，在项目实施过程中应授予项目经理较大的权力，以使其能及时处理项目实施过程

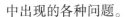

中出现的各种问题。

3. 项目管理应使用现代管理方法和技术手段

现代项目大多数属于先进科学的产物或者是一种涉及多学科的系统工程，要使项目圆满地完成，就必须综合运用现代化管理方法和科学技术，如决策技术、网络与信息技术、网络计划技术、价值工程、系统工程、目标管理等。

4. 项目管理过程中实施动态管理

为了保证项目目标的实现，在项目实施过程中采用动态控制的方法，阶段性地检查实际值与计划目标值的差异，采取措施纠正偏差，制定新的计划目标值，使项目的实施结果逐步向最终目标逼近。

二、建筑工程项目管理基础理论

（一）工程项目

1. 工程项目的概念

工程项目是最为常见、最为典型的项目类型，它属于投资项目中最重要的一类，是一种既有投资行为又有建设行为的项目的决策与实施活动。

一般来讲，投资与建设是分不开的。投资是项目建设的起点，没有投资就不可能进行建设；而没有建设行为，投资的目的也无法实现。所以，建设过程实质上是投资的决策和实施过程，是投资目的的实现过程，是把投入的货币转换为实物资产的经济活动过程。在某种情况下，投资与建设是可以分开的，即有投资行为而不一定有建设行为，不需要通过建设就可以实现投资的目的。我们所说的工程项目是指为达到预期的目标，投入一定量的资本，在一定的约束条件下，经过决策与实施的必要程序，从而形成固定资产的一次性事件。

2. 工程项目的特点

（1）建设目标的明确性

任何工程项目都具有明确的建设目标，包括宏观目标和微观目标。政府有关部门主要审核项目的宏观经济效果、社会效果和环境效果，企业则较多重视项目的盈利能力等微观财务目标。

（2）建设目标的约束性

工程项目实现其建设目标，要受到多方面条件的制约：①时间约束，即工程要有合理的工期时限；②资源约束，即工程要在一定的人力、财力、物力条件下来完成建设任务；③质量约束，即工程要达到预期的生产能力、技术水平、产品等级的要求；④空间约束，即工程要在一定的施工空间范围内通过科学合理的方法来组织完成。

（3）具有一次性和不可逆性

工程项目建设地点一次性确定，建成后不可移动。设计的单一性、施工的单件性，使得它不同于一般商品的批量生产，一旦建成，要想改变非常困难。

（4）影响的长期性

工程项目一般建设周期长，投资回收期长，工程寿命周期长，工程质量好坏影响面大，作用时间长。

（5）投资的风险性

由于工程项目建设是一次性的，建设过程中各种不确定因素很多，因此投资的风险性很大。

（6）管理的复杂性

工程项目的内部结构存在许多结合部，是项目管理的薄弱环节，使得参加建设的各单位之间的沟通、协调困难重重，也是工程实施中容易出现事故和质量问题的地方。

3. 工程项目的分类

（1）按专业，可分为土木工程项目、线路管道安装工程项目、装修工程项目等。

（2）按管理的主体，可分为建设项目、设计项目、工程咨询项目和施工项目等。

（二）建设项目

1. 建设项目的概念

建设项目是作为建设单位的被管理对象的一次性建设任务，一个建设项目就是一项固定资产投资项目。

建设项目的管理主体是建设单位，此项目是建设单位实现其目标的一种手段；建设项目的管理客体是一次性的建设任务，即投资者为实现投资目标而进行的一系列工作（包括投资前期工作、投资实施的组织管理工作及投资总结工作）。

2. 建设项目的特征

（1）由建设单位进行统一管理，实行统一核算，在一个总体设计（或初步设计）范围内由一个或多个有内在联系的单项工程所组成。

（2）具有投资限额标准：只有达到一定限额投资的项目才可以称之为建设项目，目前在我国规定投资 50 万元以上的项目才可以作为建设项目。

（3）有一定的约束条件，并以最终形成固定资产为特定目标。约束条件是投资总额、建设工期和质量标准。

（4）具有项目的一次性特征，即具有投资、建设地点、设计、施工管理等程序的一次性。

（5）遵循必要的建设程序，从项目建议书到可行性研究、勘察设计、招投标、施工、竣工，以及投入使用，是一个有序的全过程。

3. 建设项目的分类

（1）按投资的再生产性质，可分为基本建设项目和更新改造项目，如新建、扩建、改建、迁建、重建属于基本建设项目，技术改造项目、技术引进项目、设备更新项目等属于更新改造项目。

①新建项目。新建项目是指从无到有、新开始建设的项目，即在原有固定资产为零的基础上投资建设的项目。按国家规定，若建设项目原有基础很小，扩大建设规模后，其新增固定资产价值超过原有固定资产价值三倍以上的，也当作新建项目。

②扩建项目。扩建项目是指企业、事业单位在原有的基础上投资扩大建设的项目。如在企业原场地范围内或其他地点为扩大原有产品的生产能力或增加新产品的生产能力而建设的主要生产车间，独立的生产线或总厂下的分厂，事业单位和行政单位增建的业务用房（如办公楼、病房、门诊等）。

③改建项目。改建项目是指企业、事业单位对原有设施、工艺条件进行改造的项目。我国规定，企业为消除各工序或各车间之间生产能力的不平衡，增建或扩建的不直接增加本企业主要产品生产能力的车间为改建项目。现在企业、事业、行政单位增加或扩建部分辅助工程和生活福利设施（如职工宿舍、食堂、浴室等）并不增加本单位主要效益的，也为改建项目。

④迁建项目。迁建项目指原有企业、事业单位，为改变生产力布局，迁移到另地建设的项目，不论其建设规模是企业原来的还是扩大的，都属于迁建项目。

⑤重建项目。重建项目指原有企业、事业单位，因自然灾害、战争等原因，使已建成的固定资产的全部或部分报废以后又投资重新建设的项目。但是尚未建成投产的项目，因自然灾害损坏再重建的，仍按原项目看待，不属于重建项目。

⑥技术改造项目。技术改造项目指企业采用先进的技术、工艺、设备和管理方法，为增加产品品种、提高产品质量、扩大生产能力、降低生产成本、改善劳动条件而投资建设的改造工程。

⑦技术引进项目。技术引进项目是技术改造项目的一种，少数是新建项目，主要特点

是由国外引进专利、技术许可证和先进设备，再配合国内投资建设的工程。

（2）按建设规模划分。按国家规定的标准，基本建设项目可划分为大型、中型、小型项目；技术改造项目可分为限额以上项目和限额以下项目。

（3）按投资建设的用途，建设项目可做以下分类：

①生产性建设项目，即用于物质产品生产的建设项目，如工业项目、运输项目、农田水利项目、能源项目。

②非生产性建设项目，指满足人们物质文化生活需要的项目。非生产项目可分为经营性项目和非经营性项目。

（4）按资金来源，建设项目可做以下分类：

①国家预算拨款项目。

②银行贷款项目。

③企业联合投资项目。

④企业自筹项目。

⑤利用外资项目。

（三）工程项目管理的概念及任务

1. 工程项目管理的概念

所谓工程项目管理，就是为使工程项目在一定的约束条件下取得成功，对项目的所有活动实施决策与计划、组织与指挥、控制与协调、教育与激励等一系列工作的总称。其实质是运用系统工程的观点、理论和方法，对工程建设进行全过程和全方位的管理，以实现工程项目的最终目标。

2. 工程项目管理的任务

总的来说，工程项目管理的任务就是在科学决策的基础上对工程项目实施全方位、全过程的管理活动，使其在一定约束条件下，达到进度、质量和成本的最佳实现。具体来讲，有以下六个方面。

（1）建立项目管理组织

明确本项目各参加单位在项目实施过程中的组织关系和联系渠道，并选择合适的项目组织机构及实施形式；做好项目各阶段的计划准备和具体组织工作；建立单位的项目管理班子，聘任项目经理及各有关职能人员。

（2）投资控制

编制投资计划（业主编制投资分配计划，施工单位编制施工成本计划），采用一定的方式、方法，将投资控制在计划目标内。

（3）进度控制

编制满足各种需要的进度计划，把那些为了达到项目目标所规定的若干时间点连接成时间网络图，安排好各项工作的先后顺序和开工、完工时间，确定关键线路的时间；经常检查进度计划执行情况，处理执行过程中的问题，协调各有关方面的工作进度，必要时对原计划做适当调整。

（4）质量管理

规定各项工作的质量标准，对各项工作进行质量监督和验收，处理质量问题。质量管理是保证项目成功的关键任务之一。

（5）合同管理

起草合同文件，参加合同谈判，签订修改合同，处理合同纠纷、索赔等事宜。

（6）信息管理

明确参与项目的各单位以及本单位内部的信息流，相互间信息传递的形式、时间和内容；确定信息收集和处理的方法、手段。

第二节　建设工程项目的组织与管理

一、建设工程项目管理的目标和任务

（一）建设工程项目管理的类型

每个建设项目都需要投入巨大的人力、物力和财力等社会资源，并经历着项目的策划、决策立项、场址选择、勘察设计、建设准备和施工安装活动等环节，最后才能提供生产或使用，也就是说它有自身的产生、形成和发展过程。这个构成的各个环节相互联系、相互制约，受到建设条件的影响。

建设工程项目管理的内涵是：自项目开始至项目完成，通过项目策划和项目控制，以使项目的费用目标、进度目标和质量目标得以实现。"项目策划"指的是目标控制前的一系列筹划和准备工作；"费用目标"对业主而言是投资目标，对施工方而言是成本目标。项目决策期管理工作的主要任务是确定项目的定义，而项目实施期管理的主要任务是通过管理使往日的目标得以实现。

按建设工程生产组织的特点，一个项目往往由许多参与单位承担不同的建设任务，而各参与单位的工作性质、工作任务和利益不同，因此就形成了不同类型的项目管理。由于业主方是建设工程项目生产过程的总集成者——人力资源、物质资源和知识的集成，也是建设工程项目生产过程的总组织者，因此对于一个建设工程项目而言，虽然有代表不同利益方的项目管理，但是业主方的项目管理是管理的核心。

1. 按管理层次划分

按项目管理层次可分为宏观项目管理和微观项目管理。

宏观项目管理是指政府（中央政府和地方政府）作为主体对项目活动进行的管理。这种管理一般不是以某一具体的项目为对象，而是以某一类开发或某一地区的项目为对象；其目标也不是项目的微观效益，而是国家或地区的整体综合效益。项目宏观管理的手段是行政、法律、经济手段并存，主要包括：项目相关产业法规政策的制定，项目的财、税、金融法规政策，项目资源要素市场的调控，项目程序及规范的制定与实施，项目过程的监督检查等。微观项目管理是指项目业主或其他参与主体对项目活动的管理。项目的参与主体一般主要包括：业主，作为项目的发起人、投资人和风险责任人；项目任务的承接主体，指通过承包或其他责任形式承接项目全部或部分任务的主体；项目物资供应主体，指为项目提供各种资源（如资金、材料设备、劳务等）的主体。

微观项目管理，是项目参与者为了各自的利益而以某一具体项目为对象进行的管理，其手段主要是各种微观的法律机制和项目管理技术。一般意义上的项目管理，即指微观项目管理。

2. 按管理范围和内涵不同划分

按工程项目管理范围和内涵的不同，可分为广义项目管理和狭义项目管理。

广义项目管理包括从项目投资意向到项目建议书、可行性研究、建设准备、设计、施工、竣工验收、项目后评估全过程的管理。

狭义项目管理指从项目正式立项开始，即从项目可行性研究报告批准后到项目竣工验收、项目后评估全过程的管理。

3. 按管理主体不同划分

一项工程的建设，涉及不同管理主体，如项目业主、项目使用者、科研单位、设计单位、施工单位、生产厂商、监理单位等。从管理主体看，各实施单位在各阶段的任务、目的、内容不同，也就构成了项目管理的不同类型。概括起来大致有以下三种项目管理。

（1）业主方项目管理

业主方项目管理是指由项目业主或委托人对项目建设全过程的监督与管理。按项目法人责任制的规定，新上项目的项目建议书被批准后，由投资方派代表，组建项目法人筹备组，具体负责项目法人的筹建工作，待项目可行性研究报告批准后，正式成立项目法人，由项目法人对项目的策划、资金筹措、建设实施、生产经营、债务偿还、资产的增值保值，实行全过程负责，依照国家有关规定对建设项目的建设资金、建设工期、工程质量、生产安全等进行严格管理。

项目法人可聘任项目总经理或其他高级管理人员，由项目总经理组织编制项目初步设计文件，组织设计、施工、材料设备采购的招标工作，组织工程建设实施，负责控制工程投资、工期和质量，对项目建设各参与单位的业务进行监督和管理。项目总经理可由项目董事会成员兼任或由董事会聘任。

项目总经理及其管理班子具有丰富的项目管理经验，具备承担所任职工作的条件，从性质上讲是代替项目法人履行项目管理职权。因此，项目法人和项目经理对项目建设活动组织管理构成了建设单位的项目管理，这是一种习惯称谓。其实项目投资也可能是合资。

项目业主是由投资方派代表组成的，从项目筹建到生产经营并承担投资风险的项目管理班子。

项目法人的提出是国家经过几年改革实践的总结，1996年国家计划委员会从国有企业转换经营机制，建立现代企业制度的需要出发，根据《公司法》精神，将原来的项目业主责任制改为法人责任制。法人责任制是依照《公司法》制定的，在投资责任约束机制方面比项目业主责任制更进一步加强，项目法人的责、权、利也更加明确。更重要的是项目管理制度全面纳入法治化、规范化的轨道。

值得一提的是，目前习惯将建设单位的项目管理简称为建设项目管理。这里的建设项目既包括传统意义上的建设项目（即在一个主体设计范围内，经济上独立核算、行政上具有独立组织形式的建设单位），也包括原有建设单位新建的单项工程。

（2）监理方项目管理

较长时间以来，我国工程建设项目的组织方式一直采用工程指挥部制或建设单位自营自管制。由于工程项目的一次性特征，这种管理组织方式往往有很大的局限性，首先在技术和管理方面缺乏配套的力量和项目管理经验，即使配套了项目管理班子，在无连续建设任务时，也是不经济的。因此，结合我国国情并参照国外工程项目管理方式，在全国范围内提出工程项目建设监理制。我国从1988年7月开始进行建设监理试点，现已全面纳入法治化轨道。社会监理单位是依法成立的、独立的、智力密集型经济实体，接受业主的委托，采取经济、技术、组织、合同等措施，对项目建设过程及参与各方的行为进行监督、协调和控制，以保证项目按规定的工期、投资、质量目标顺利建成。社会监理是对工程项目建设过程实施的监督管理，类似于国外CM项目管理模式，属咨询监理方的项目管理。

（3）承包方项目管理

作为承包方，采用的承包方式不同，项目管理的含义也不同。施工总承包方和分包方的项目管理都属于施工方的项目管理。建设项目总承包有多种形式，如设计和施工任务综合的承包，设计、采购和施工任务综合的承包（简称 EPC 承包）等，它们的项目管理都属于建设项目总承包方的项目管理。

（二）业主方项目管理的目标和任务

业主方项目管理是站在投资主体的立场上对工程建设项目进行综合性管理，以实现投资者的目标。项目管理的主体是业主，管理的客体是项目从提出设想到项目竣工、交付使用全过程所涉及的全部工作，管理的目标是采用一定的组织形式，采取各种措施和方法，对工程建设项目所涉及的所有工作进行计划、组织、协调、控制，以达到工程建设项目的质量要求，以及工期和费用要求，尽量提高投资效益。

业主方的项目管理工作涉及项目实施阶段的全过程，即在设计前的准备阶段、设计阶段、施工阶段、动用前准备阶段和保修期，各阶段的工作任务包括安全管理、投资控制、进度控制、质量控制、合同管理、信息管理、组织和协调。

业主方项目管理服务于业主的利益，其项目管理的目标包括项目的投资目标、进度目标和质量目标。其中投资目标指的是项目的总投资目标。进度目标指的是项目动用的时间目标，也即项目交付使用的时间目标，如工厂建成可以投入生产、道路建成可以通车、旅馆可以开业的时间目标等。项目的质量目标不仅涉及施工的质量，还包括设计质量、材料质量、设备质量和影响项目运行或运营的环境质量等。质量目标包括满足相应的技术规范和技术标准的规定，以及满足业主方相应的质量要求。

业主方要与不同的参与方分别签订相应的经济合同，要负责从可行性研究开始，直到工程竣工交付使用的全过程管理，是整个工程建设项目管理的中心。因此，必须运用系统工程的观念、理论和方法进行管理。业主方在实施阶段的主要任务是组织协调、合同管理、投资控制、质量控制、进度控制、信息管理。为了保证管理目标的实现，业主方对工程建设项目的管理应包括以下职能。

1. 决策职能

由于工程建设项目的建设过程是一个系统工程，因此每一个建设阶段的启动都要依靠决策。

2. 计划职能

围绕工程建设项目建设的全过程和总目标，将实施过程的全部活动都纳入计划轨道，

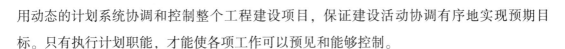

用动态的计划系统协调和控制整个工程建设项目，保证建设活动协调有序地实现预期目标。只有执行计划职能，才能使各项工作可以预见和能够控制。

3. 组织职能

业主方的组织职能既包括在内部建立工程建设项目管理的组织机构，又包括在外部选择可靠的设计单位与承包单位，实施工程建设项目不同阶段、不同内容的建设任务。

4. 协调职能

由于工程建设项目实施的各个阶段在相关的层次、相关的部门之间存在大量的结合部，构成了复杂的关系和矛盾，应通过协调职能进行沟通，排除不必要的干扰，确保系统的正常运行。

5. 控制职能

工程建设项目主要目标的实现是以控制职能为主要手段，不断通过决策、计划、协调、信息反馈等手段，采用科学的管理方法确保目标的实现。目标有总体目标，也有分项目标，各分项目标组成一个体系。因此，对目标的控制也必须是系统的、连续的。

业主方对工程建设项目管理的主要任务就是要对投资、进度和质量进行控制。

项目的投资目标、进度目标和质量目标之间既有矛盾的一面，也有统一的一面，它们之间的关系是对立统一的。要加快进度往往需要增加投资，要提高质量往往也需要增加投资，过度缩短进度会影响质量目标的实现，这都表现了目标之间关系矛盾的一面。但通过有效的管理，在不增加投资的前提下，也可缩短工期和提高工程质量，这反映了关系统一的一面。

建设工程项目的全寿命周期包括项目的决策阶段、实施阶段和使用阶段。项目的实施阶段包括设计前的准备阶段、设计阶段、施工阶段、动用前准备阶段和保修阶段。招投标工作分散在设计前的准备阶段、设计阶段和施工阶段中进行，因此可以不单独列为招投标阶段。

（三）设计方项目管理的目标和任务

设计单位受业主委托承担工程项目的设计任务，以设计合同所界定的工作目标及其责任义务作为该项工程设计管理的对象、内容和条件，通常简称为设计项目管理。设计项目管理的工作内容是履行工程设计合同和实现设计单位经营方针目标。

设计方项目管理是由设计单位对自身参与的工程项目设计阶段的工作进行管理。因此，项目管理的主体是设计单位，管理的客体是工程设计项目的范围。大多数情况下是在项目的设计阶段，但业主根据自身的需要可以将工程设计项目的范围往前、后延伸，如延伸到前期的可行性研究阶段或后期的施工阶段，甚至竣工、交付使用阶段。一般来说，工程设计项目管理包括以下工作：设计投标、签订设计合同、开展设计工作、施工阶段的设计协调工作等。工程设计项目的管理职能同样是进行质量控制、进度控制和费用控制，按合同的要求完成设计任务，并获得相应报酬。

设计方作为项目建设的一个参与方，其项目管理主要服务于项目的整体利益和设计方本身的利益。其项目管理的目标包括设计的成本目标、设计的进度目标和设计质量目标，以及项目的投资目标。项目的投资目标能否实现与设计工作密切相关。

设计方的项目管理工作主要在设计阶段进行，但它也涉及设计前的准备阶段、施工阶段、动用前准备阶段和保修期。

设计方项目管理的任务包括：

1. 与设计工作有关的安全管理。

2. 设计成本控制以及与设计工作有关的工程造价控制。

3. 设计进度控制。

4. 设计质量控制。

5. 设计合同管理。

6. 设计信息管理。

7. 与设计工作有关的组织和协调。

（四）施工方项目管理的目标和任务

施工方对工程承包项目的管理在其承包的范围内进行。此时，承包商处于供应者的地位（向业主提供）。其管理的覆盖面通常是在工程建设项目的招投标、施工、竣工验收和交付使用阶段。施工方项目管理的总目标是实现企业的经营目标和履行施工合同，具体的目标是施工质量、成本、进度、施工安全和现场标准化。这一目标体系既是企业经营目标的体现，也和工程项目的总目标密切联系。施工方作为项目建设的一个参与方，其项目管理主要服务于项目的整体利益和施工方本身的利益。其项目管理的目标包括施工的成本目标、施工的进度目标和施工质量目标。

施工方的项目管理工作主要在施工阶段进行，但它也涉及设计准备阶段、设计阶段、动用前准备阶段和保修期。在工程初期，设计阶段和施工阶段往往是交叉的，因此施工方的项目管理工作也涉及设计阶段。

1. 施工方项目管理的任务

（1）施工安全管理。

（2）施工成本控制。

（3）施工质量控制。

（4）施工合同管理。

（5）施工进度控制。

（6）施工信息管理。

（7）与施工有关的组织与协调。

施工项目管理的主体是以施工项目经理为首的项目经理部，客体是具体的施工对象、施工活动以及相关的生产要素。

2. 工程承包项目管理的主要内容

（1）建立承包项目经理部

①选聘工程承包项目经理部。

②以适当的组织形式，组建工程承包项目管理机构，明确责任、权限和义务。

③按照工程承包项目管理的要求，制定工程承包项目管理制度。

（2）制订工程承包项目管理计划

工程项目管理计划是对该项目管理组织内容、方法、步骤、重点进行预测和决策等做出的具体安排。工程承包项目管理计划的主要内容有：

①进行项目分解，以便确定阶段性控制目标，从局部到整体进行工程项目承包活动和进行工程承包项目管理。

②建立工程承包项目管理工作体系，绘制工程承包项目管理工作结构图和相应的管理信息流程图。

③绘制工程承包项目管理计划，确定管理点，形成文件，以利执行。

（3）进行工程承包项目的目标控制

主要包括进度、质量、成本、安全施工现场等目标控制。

（4）对施工项目的生产要素进行优化配置和动态管理

施工项目的生产要素是工程承包项目目标得以实现的保证，主要包括劳动力、材料、设备、资金和技术。

生产要素管理的内容包括：

①分析各项生产要素的特点。

②按照一定原则、方法对施工活动生产要素进行优化配置，并对配置状况进行。

③对施工项目的各项生产要素进行动态管理。

（5）工程承包项目的合同管理

由于工程承包项目管理是在市场条件下进行的特殊交易活动的管理，这种交易从招投标开始，持续于管理的全过程，因此必须签订合同，进行履约经营。合同管理的好坏直接涉及工程承包项目管理以及工程承包项目的技术经济效果和目标实现。

（6）工程承包项目的信息管理

工程承包项目管理是一项复杂的现代化管理活动，要依靠大量的信息并对大量信息进行管理。

（五）供货方项目管理的目标和任务

从建设项目管理的系统分析角度看，建设物资供应工作也是工程项目实施的一个子系统，有明确的任务和目标、明确的制约条件，与项目实施子系统有着内在联系。因此，制造厂、供应商同样可以将加工生产制造和供应合同所界定的任务，作为项目进行目标管理和控制，以适应建设项目总目标控制的要求。

供货方作为项目建设的一个参与方，其项目管理主要服务于项目的整体利益和供货方本身的利益。其项目管理的目标包括供货的成本目标、供货的进度目标和供货的质量目标。

供货方的项目管理工作主要在施工阶段进行，但也涉及设计准备阶段、设计阶段、动用前准备阶段和保修期。

供货方项目管理的任务包括：

1. 供货的安全管理。

2. 供货的成本控制。

3. 供货的进度控制。

4. 供货的质量控制。

5. 供货合同管理。

6. 供货信息管理。

7. 与供货有关的组织与协调。

（六）建设工程项目总承包方项目管理的目标和任务

工程总承包方的项目管理是指当工程项目采用设计—施工一体化承包模式时，由工程总承包公司根据承包合同的工作范围和要求对工程的设计、施工阶段进行一体化管理。因此，总承包方的项目管理是贯穿于项目实施全过程的全面管理，既包括设计阶段，也包括施工安装阶段。其性质和目的是履行工程总承包合同，以实现企业承建工程的经营方针和目标，取得预期经营效益为动力而进行的工程项目自主管理。

建设工程项目总承包方作为项目建设的一个参与方，其项目管理主要服务于项目的整体利益和建设项目总承包方本身的利益。其项目管理的目标包括项目的总投资目标和总承包方的成本目标、项目的进度目标和项目的质量目标。

建设工程项目总承包方项目管理工作涉及项目实施阶段的全过程，即设计前的准备阶段、设计阶段、施工阶段、动用前准备阶段和保修期。

工程总承包方的项目管理在性质上和设计方、施工方的项目管理相同，但是总承包方可以凭借自身的技术和管理优势，通过对设计和施工方案的一体化优化以及实施中的整体化管理来实施项目管理。显然，总承包方项目管理的任务是在合同条件的约束下，依靠自身的技术和管理优势或实力，通过优化设计及施工方案，在规定的时间内，保质保量地全面完成工程项目的承建任务。从交易的角度看，项目业主是买方，总承包单位是卖方，因此两者的地位和利益追求是不同的。

建设工程项目总承包方项目管理的任务包括：

1. 安全管理。

2. 投资控制和总承包方的成本控制。

3. 进度控制。

4. 质量控制。

5. 合同管理。

6. 信息管理。

7. 与建设工程项目总承包方有关的组织和协调。

二、施工项目管理组织形式

（一）组织形式

组织结构的类型，是指一个组织以什么样的结构方式去处理管理层次、管理跨度、部门设置和上下级关系。项目组织机构形式是管理层次、管理跨度、管理部门和管理职责的不同结合。项目组织的形式应根据工程项目的特点、工程项目承包模式、业主委托的任务以及单位自身情况而定。常用的组织形式一般有以下四种：工作队制、部门控制式、矩阵制、事业部制。

1. 国际惯例通称的项目管理的特点

（1）项目的责任人履行合同。

（2）实行两层优化的结合方式。

（3）项目进行独立的经济核算。

我国推行的施工项目管理与国际惯例通称的项目管理一致，但必须进行企业管理体制和配套改革。

2. 对施工项目组织形式的选择要求做到以下几个方面

（1）适应施工项目的一次性特点，使项目的资源配置需求可以进行动态的优化组合，能够连续、均衡地施工。

（2）有利于施工项目管理依据企业的正确战略决策及决策的实施能力，适应环境，提高综合效益。

（3）有利于强化对内、对外的合同管理。

（4）组织形式要为项目经理的指挥和项目经理部的管理创造条件。

（5）根据项目规模、项目与企业本部距离及项目经理的管理能力确定组织形式，使层次简化、分权明确、指挥灵便。

（二）工作队制

1. 工作队制的特征、适用范围和要求

（1）工作队制的特征

①项目组织成员与原部门脱离。

②职能人员由项目经理指挥，独立性大。

③原部门不能随意干预其工作或调回人员。

④项目管理组织与项目同寿命。

（2）适用范围

大型项目、工期要求紧迫的项目，要求多工种、多部门密切配合的项目。

（3）要求

项目经理素质高，指挥能力强。

2. 工作队制的优点

（1）有利于培养一专多能的人才并充分发挥其作用。

（2）各专业人员集中在现场办公，办事效率高，解决问题快。

（3）项目经理权力集中，决策及时，指挥灵便。

（4）项目与企业的结合部关系弱化，易于协调关系。

3．工作队制的缺点

（1）配合不熟悉，难免配合不力。

（2）忙闲不均，可能影响积极性的发挥，同时人才浪费现象严重。

（三）部门控制式

1．部门控制式的特征和适用范围

部门控制式项目管理组织形式是按照职能原则建立的项目组织。

（1）特征：不打乱企业现行的建制，由被委托的部门（施工队）领导。

（2）适用范围：适用于小型的、专业性较强的、不须涉及众多部门的施工项目。

2．部门控制式项目管理组织形式的优点

（1）人才作用发挥较充分，人事关系容易协调。

（2）从接受任务到组织运转，启动时间短。

（3）职责明确，职能专一，关系简单。

（4）项目经理无须专门培训，便容易进入状态。

3．部门控制式项目管理组织形式的缺点

（1）不能适应大型项目管理需要。

（2）不利于精简机构。

（四）矩阵制

矩阵制组织是在传统的直线职能制的基础上加上横向领导系统，两者构成矩阵结构，项目经理对施工全过程负责，矩阵中每个职能人员都受双重领导。即"矩阵组织，动态管理，目标控制，节点考核"，但部门的控制力大于项目的控制力。部门负责人有权根据不同项目的需要和忙闲程度，在项目之间调配部门人员。矩阵制是我国推行项目管理最理想、最典型的组织形式，它适用于大型复杂的项目或多个同时进行的项目。

1．矩阵制项目管理组织形式的特征

（1）专业职能部门是永久性的，项目组织是临时性的。

（2）双重领导，一个专业人员可能同时为几个项目服务，提高人才效率，精简人员，组织弹性大。

（3）项目经理有权控制、使用职能人员。

（4）没有人员包袱。

2. 矩阵制项目管理组织形式的优缺点

（1）优点：一个专业人员可能同时为几个项目服务，特殊人才可充分发挥作用，大大提高人才效率。

（2）缺点：配合生疏，结合松散；难以优化工作顺序。

3. 矩阵制项目管理组织形式的适用范围

一个企业同时承担多个需要进行项目管理工程的企业；适用于大型、复杂的施工项目。

（五）事业部制

事业部制可分为按产品划分的事业部制和按地区划分的事业部制。

1. 事业部制项目管理组织形式的特征

（1）各事业部具有自己特有的产品或市场。根据企业的经营方针和基本决策进行管理，对企业承担经济责任，而对其他部门是独立的。

（2）各事业部有一切必要的权限，是独立的分权组织，实行独立核算。主要思想是集中决策，分散经营，所以事业部制又称为"分权的联邦制"。

2. 事业部制项目管理组织形式的优缺点

（1）优点：当企业向大型化、智能化发展并实行作业层和经营管理层分离时，事业部制组织可以提高项目应变能力，积极调动各方的积极性。

（2）缺点：事业部组织相对来说比较分散，协调难度较大，应通过制度加以约束。

3. 事业部制项目管理组织形式的适用范围

企业承揽工程类型多或工程任务所在地区分散或经营范围多样化时，有利于提高管理效率。需要注意的是，当一个地区只有一个项目而没有后续工程时，不宜设立事业部。事业部与地区市场同寿命，地区没有项目时，该事业部应当撤销。

三、建设工程项目综合管理

（一）建设工程项目综合管理的内容

1. 文件管理的主要工作内容

（1）项目经理部文件管理工作的责任部门为办公室。

（2）文件包括本项目管理文件和资料，相关各级、各部门发放的文件，项目经理部内部制定的各项规章制度，发至各作业队的管理文件、工程会议纪要等。

（3）填制文件收发登记、借阅登记等台账，对文件的签收、发放、交办等程序进行控制，及时做好文件与资料的归档管理。

（4）对收到的外来文件按规定进行签收登记后，及时送领导批示并负责送交有关人员、部门办理。

（5）如须转发、复印和上报各类资料、文件，必须经领导同意，同时做好记录并存档，由责任部门确定发放范围。

（6）文件须外借时，应经项目经理书面批准后填写文件借阅登记，方可借阅，并在规定期限内归还。

（7）对涉及经济、技术等方面的机密文件、资料要严格按照建设公司有关保密规定执行。

2. 印鉴管理的主要工作内容

（1）项目经理部行政章管理工作责任部门为办公室，财务章管理责任部门为计财部。

（2）项目经理部印章的刻制、使用及收管必须严格按照建设公司的规定执行，由项目经理负责领取和交回。

（3）必须指定原则性强、认真负责的同志专人管理。

（4）严格用印审批程序，用印时必须先填制《项目经理部用印审批单》，报项目经理批准后方可用印。

（5）作业队对外进行联系如使用项目经理部的介绍信、证明等，须持有作业队介绍信并留底，注明事宜，经项目经理批准后，方可使用项目经理部印章。

（6）须对用印进行登记，建立用印登记台账，台账应包括用印事由、时间、批准人、经办人等内容。

（7）项目经理部解体时，项目经理应同时将项目经理部印章交建设公司办公室封存。

3. 档案资料管理的主要工作内容

（1）项目经理部档案资料管理工作的责任部门为办公室。

（2）工程档案资料收集管理的内容。

①工程竣工图

②随机技术资料：设备的出厂合格证、装箱单、开箱记录、说明书、设备图纸等。

③监理及业主（总包方）资料：监理实施细则；监理所发文件、指令、信函、通知、会议纪要；工程计量单和工程款支付证书；监理月报；索赔文件资料；竣工结算审核意见书；项目施工阶段各类专题报告；业主（总包方）发出的相关文件资料。

④工程建设过程中形成的全部技术文字资料

A. 一类文字资料：图纸会审纪要；业务联系单及除代替图、新增图以外的附图；变更通知单及除代替图、新增图以外的附图；材料代用单；设备处理委托单；其他形式的变更资料。

B. 二类文字材料：交工验收资料清单；交工验收证书、实物交接清单、随机技术资料清单；施工委托书及其补充材料；工程合同（协议书）；技术交底，经审定的施工组织设计或施工方案；开工报告、竣工报告、工程质量评定证书；工程地质资料；水文及气象资料；土、岩试验及基础处理、回填压实、验收、打桩、场地平整等记录；施工、安装记录及施工大事记、质量检查评定资料和质量事故处理方案、报告；各种建筑材料及构件等合格证、配合比、质量鉴定及试验报告；各种功能测试、校核试验的试验记录；工程的预、决算资料。

C. 三类文字材料：地形及施工控制测量记录、构筑物测量记录、各种工程的测量记录。

（3）项目经理部移交到建设公司档案科的竣工资料内容：中标通知、工程承包合同、开工报告、施工组织设计、施工技术总结、交工竣工验收资料、质量评定等级证书、项目安全评价资料、项目预决算资料、审计报告、工程回访、用户意见。

（4）项目经理部向建设公司档案科移交竣工资料的时间为工程项目结束后、项目绩效考核前。

（5）项目经理部按照建设公司档案科的要求内容装订成册后交一套完整的资料。

（6）项目经理部的会计凭证、账簿、报表专项交建设公司档案科保存。

（7）项目经理部应随时做好资料的收集和归档工作，专人负责，建立登记台账，如须转发、借阅、复印时，应经项目经理同意后方可办理，并做好记录。

4. 人事管理的主要工作内容

（1）项目经理部人事管理工作责任部门为办公室。

（2）项目经理部原则上职能部门设立"三部一室"，即计财部、工程部、物资部和办公室。组织机构设立与各部门人员的情况应上报项目管理处备案。

（3）项目经理部成立后，项目经理根据项目施工管理需要严格按照以下要求定编人员，提出项目经理部管理人员配备意见，填写《项目经理部机构设置和项目管理人员配备申请表》，根据配备表中的人员名单填写《项目经理部调入工作人员资格审定表》，并上报建设公司人力资源部，经审批后按照建设公司有关规定办理相关手续。

按工程项目类别确定项目经理部人员编制，根据工程实际需要实行人员动态管理：

A 类项目经理部定员 25 人以下（含 25 人，下同）。

B 类项目经理部定员 15 人以下。

C 类项目经理部定员 12 人以下。

D 类项目经理部定员 10 人以下。

E 类项目经理部定员 10 人以下。

F 类项目经理部定员 10 人以下。

（4）项目经理部的各类管理人员均实行岗位聘用制，除项目副经理、总工程师、财务负责人由公司聘任之外，其他人员均由项目经理聘用，聘期原则上以工程项目的工期为限，项目结束后解聘。

（5）由项目经理聘用的管理人员，根据工作需要，项目经理有权解聘或退回不能胜任本岗位工作的管理人员。如出现部门负责人或重要岗位上的人员变动，应及时将情况向项目管理处上报。

（6）工程中期与工程结束时（或 1 年），由项目经理牵头、项目经理部办公室组织各作业队以及相关人员对项目经理部工作人员的德、能、勤、绩进行考评，根据考评结果填写《项目经理部工作人员能力鉴定表》，并上报建设公司人力资源部和项目管理处备案。

（7）项目经理部管理岗位外聘人员管理

①项目经理部根据需要和被聘人条件，填写《项目经理部管理岗位外聘人员聘用审批表》，上报建设公司人力资源部审核批准后，由项目经理部为其办理聘用手续，并签订《目经理部管理岗位外聘人员聘用协议》。

②外聘人员聘用协议书应包括下列内容：聘用的岗位、责任及工作内容；聘用的期限；聘用期间的待遇；双方认为需要规定的其他事项。

5. 办公用品管理

（1）项目经理部办公用品管理工作的责任部门为办公室。

（2）项目经理部购进纳入固定资产管理的办公用品（如计算机、复印机、摄像机、照相机、手机等）时，必须先向建设公司书面请示，经领导签字同意后方可购买。

（3）建立物品使用台账，对办公用品实行专人使用，专人管理，确保办公用品的使用年限，编制《项目经理部办公用品清单表》，对办公用品进行使用登记，损坏、丢失办公用品的须按比例或全价赔偿。

（4）项目经理部购置办公桌椅等设施时，应严格控制采购价格和标准，禁止购买超标准或非办公用品、器械。

（5）项目经理部解体时应将所购办公用品进行清理、鉴定，填写《项目经理部资产实物交接清单表》，向建设公司有关部门办理交接。

6. 施工现场水电管理的主要工作内容

（1）项目经理部应有专人负责施工用水、用电的线路布置、管理、维护。

（2）各作业队用水、用电须搭接分管和二次线时，必须向项目经理部提出申请，经批准后方可接线，装表计量、损耗分摊、按月结算。

（3）作业队的用电线路、配电设施要符合规范和质量要求。管线的架设和走向要服从现场施工总体规划的要求，防止随意搭接。

（4）作业队和个人不得私接电炉，注意用电安全。

（5）加强现场施工用水的管理，严禁长流水、长明灯，减少浪费。

7. 职工社会保险管理的主要工作内容

（1）项目经理部必须根据建设公司社会保障部的要求按时足额上交由企业缴纳部分的职工社会保险费用，不得滞后或拖欠。

（2）社会保险费用系指建设公司现行缴纳的养老保险金、失业保险金、医疗保险金、工伤保险金。

（3）社会保险费用缴纳的具体办法按建设公司相关文件执行。

四、建设工程项目物资管理

（一）建设工程项目物资管理的基本要求

物资供应管理即计划、采购、储存、供应、消耗定额管理、现场材料管理、余料处理和材料核销工作，项目经理部要建立健全材料供应管理体系。项目经理部、物资部应做到采购有计划，努力降低采购成本，领用消耗有定额，保证物流、信息流畅通。项目经理部应组织有关人员依据合同、施工图纸、详图等编制材料用量预算计划。工程中需用的主材（如钢材、水泥、电缆等）及其他需求量大的材料采购均应实行招标或邀请招标（即议标）采购。由项目经理任组长，材料、造价、财务、技术负责人组成材料采购竞价招标领导小组，物资部负责实施。主材、辅材的采购业务由物资部负责实施。采购过程中必须坚持比质、比价、比服务，遵循公开、公平、公正原则。参与招标或邀标的供应商必须有三家以上。业主（总包方）采购的工程设备进场组织协调由物资部负责。物资部应对业务工作各环节的基础资料进行统计分析，改进管理，严格按照《中华人民共和国招投标法》《经济合同法》《国有工业企业物资采购管理暂行规定》执行。

物资验收及保管的内容如下：

1. 材料的验收。材料进场必须履行交接验收手续，材料员以到货资料为依据进行材料的验收。验收的内容与订购合同（协议）相一致，包括验品种、验规格、验质量、验数量的"四验"制度及提供合格证明文件等。

资料验证应与到货产品同步进行，验证资料应包括生产厂家的材质证明（包括厂名、品种、出厂日期、出厂编号、试验数据）和出厂合格证，无验证资料不得进行验收。要求复检的材料要有取样送检证明报告。新材料未经试验鉴定，不得用于工程中。

直达现场的材料由项目经理部材料员牵头作业队材料员或保管员进行验收，并填好《物资验收入库单》。在材料验收中发现短缺、残次、损坏、变质及无合格证的材料，不得接收，同时要及时通知厂家或供应商妥善处理。散装地材的计量应以过磅为准，如没有过磅条件，由材料员组织保管员共同确定车型，测量容积，确定实物量。

2. 材料的保管。材料验收入库后，应及时填写入库单（填写内容有名称、来源、规格、材质、计量单位、数量、单价、金额、运输车号等），由材料员、保管员共同签字确认。

3. 建立和登记《材料收发存台账》，并做好标识，注明来源、规格型号、材质、数量，必须做到账与物相一致。

4. 材料采购后交由作业队负责管理。作业队材料的管理应有利于材料的进出和存放，符合防火、防雨、防盗、防风、防变质的要求。易燃易爆的材料应专门存放、专人负责保管，并有严格的防火、防爆措施。

5. 材料要做到日清、月结、定期盘点，盘点要有记录，盈亏要有报告，做到账物相符并按月编制《×月材料供应情况统计表》。项目经理部材料账目调整必须按权限规定经过审批，不得擅自涂改。

（二）材料使用及现场的管理

1. 材料使用管理

为加强作业队材料使用的管理，达到降低消耗的目的，项目部供应的材料都要实行限额领料。

（1）限额领料依据的主要方法

①通用的材料定额。

②预算部门提供的材料预算。

③施工单位提供的施工任务书和工程量。

④技术部门提供技术措施及各种配料表。

（2）限额领料单的签发

①材料员根据施工部门编制的施工任务书和施工图纸，按单位工程或分部工程签发《限额领料单》。作业队分次领用时，做好分次领用记录并签字，但总量不得超过限额量。

②在材料领发过程中，双方办理领发料（出库）手续，填写《限额领料单》，注明用料单位，材料名称、规格、数量及领用日期，双方须签字认证。

③建立材料使用台账，记录使用和节约（超耗）状况。单项工程完工后如有材料节超，须由作业队、造价员、材料员共同分析原因，写出文字性说明并由项目经理部存档。

④如遇工程变更或调整作业队工作量，须调整《限额领料单》时，应由作业队以书面形式上报项目经理部，由项目经理部预算员填写《补充限额领料单》，材料员再根据《补充限额领料单》发料。《限额领料单》一式三份，要注明工程部位、领用作业队、材料名称、规格、材质、数量、单位、金额等，作业队与材料员各一份，一份留底。单项工程结束后，作业队应办理剩余材料退料手续。

（3）材料现场管理

项目经理部要在施工现场设立现场仓库和材料堆场，可指定作业队负责材料保管和值班保卫工作。要严格材料发料手续。现场材料的供应，要按工程用料计划、持有审批的领料单进行，无领料单或白条子不得发料。直发现场的材料物资也必须办理入库手续和领料手续。现场材料码放要整齐、安全，并做好标识。材料员对质量记录的填写必须内容真实、完整、准确，便于识别、查询。

（4）材料核销与余料处理

材料消耗核算，必须以实际消耗为准，计财部在计算采购入库量和限额领用量之后，根据实物盘点库存量，进行实际消耗核销。工程结束后，项目经理部必须进行预算材料消耗量与实际材料耗用量对比分析，找出节约（超耗）原因，并对施工作业队的材料使用情况进行书面说明。材料消耗量严格按照定额规定进行核销。项目经理部要加强现场管理，杜绝材料的损失、浪费。工程结束后，各作业队对现场的余料、废旧材边角料进行处理时应填报《物资处理审批表》，经项目经理认可签字后方可处理。不得将材料成品直接作价处理。材料员要经常组织有关人员把可二次利用的边角余料清理出来，不准作为废钢铁出售，力求达到物尽其用。材料供应完毕后，项目经理部必须填报《合格供方名单确认表》上报设备物资分公司、项目管理处。

2. 业主（总包方）提供设备的管理

物资部设备员负责业主（总包方）提供设备的协调管理。参与合同评审、施工图会审，掌握设备供货情况，负责与业主（总包方）协商设备供应方面的工作，根据施工进度网络计划，编排或确认分包单位编制的设备进场计划。参加接受现场发出的设计修改通知单，及时向有关部门转交，并对其中的设备问题解决情况进行跟踪检查，督促落实。参加工程例会及有关专题会议，沟通信息，掌握工程进展情况、设备安装要求、设备进场时间、设备质量问题等，协同运输部门安排重大设备出、入库计划，协助对大型设备出库沿线道路及现场卸车、存放条件的查看落实。组织、监督、指导、协调分包单位对业主设备的验证工作，负责与业主（总包方）联系，商定在设备验证过程中发现的缺陷、缺件、不合格等问题的处理方案。监督并定期检查作业队设备到货验证后是否按有关规定进行标识、储存和防护，对设备的验证资料、移交清单等技术资料是否按要求整理、归档。划分作业队之间的设备分交，设备费用、出库费、缺陷处理费的收取、结算，工程设备的统计、汇总、归档。

第四章 建筑工程项目成本、质量与进度管理

第一节 建筑工程项目成本管理

一、施工项目成本管理概述

（一）施工项目成本的概念

1. 施工项目成本

施工项目成本是指建筑业企业以施工项目作为成本核算对象的施工过程中所耗费的生产资料转移价值和劳动者的必要劳动所创造的价值的货币形式。也就是某施工项目在施工中所发生的全部生产费用的总和，包括所消耗的主、辅材料，构配件，周转材料的摊销费或租赁费，支付给生产工人的工资、奖金以及项目经理部（或分公司、工程处）一级组织和管理工程施工所发生的全部费用。施工项目成本不包括劳动者为社会所创造的价值，如税金和计划利润，也不应包括不构成项目价值的一切非生产性支出。明确这些，对研究施工项目成本的构成和进行施工项目成本管理是非常重要的。

施工项目成本是建筑业企业的产品成本，亦称工程成本，一般以项目的单位工程作为成本核算对象，通过各单位工程成本核算的综合来反映施工项目成本。

在施工项目管理中，最终是要使项目达到质量高、工期短、消耗低、安全好等目标，而成本是这四项目标经济效果的综合反映。因此，施工项目成本是施工项目管理的核心。

研究施工项目成本，既要看到施工生产中的耗费形成的成本，又要重视成本的补偿，这才是对施工项目成本的完整理解。施工项目成本是否准确客观，对企业财务成果和投资者的效益影响很大。成本多算，则利润少计，可分配利润就会减少；反之，成本少算，则利润多计，可分配的利润就会虚增而实亏。因此，要正确计算施工项目成本，就要进一步改革成本核算制度。

2. 施工项目成本的分类

（1）按成本控制需要，从成本发生时间来划分，施工项目成本可分为承包成本、计划成本和实际成本。

①承包成本（预算成本）。工程承包成本（预算成本）是反映企业竞争水平的成本。它根据施工图由全国统一的工程量计算规则计算出来的工程量，全国统一的建筑、安装工程基础定额和由各地区的市场劳务价格、材料价格信息及价差系数，并按有关取费的指导性费率进行计算。

全国统一的建筑、安装工程基础定额是为了适应市场竞争、提升企业的个别成本报价，按量价分离以及将工程实体消耗量和周转性材料、机具等施工手段相分离的原则来制定的，作为编制全国统一、专业统一和地区统一概算的依据，也可作为企业编制投标报价的参考。

市场劳务价格和材料价格信息及价差系数和施工机械台班费由各地区建筑工程造价管理部门按月（或按季度）发布，进行动态调整。

有关取费率由各地区、各部门按不同的工程类型、规模大小、技术难易、施工场地情况、工期长短、企业资质等级等条件分别制定具有上下限幅度的指导性费率。承包成本是确定工程造价的基础，也是编制计划成本的依据和评价实际成本的依据。

②计划成本。施工项目计划成本是指施工项目经理部根据计划期内的有关资料（如工程的具体条件和企业为实施该项目的各项技术组织措施），在实际成本发生前预先计算的成本。也就是建筑企业考虑降低成本措施后的成本计划数，反映了企业在计划期内应达到的成本水平。它对于加强企业和项目经理部的经济核算、建立和健全施工项目成本管理责任制、控制施工过程中生产费用、降低施工项目成本具有十分重要的作用。

③实际成本。实际成本是施工项目在报告期内实际发生的各项生产费用的总和。把实际成本与计划成本比较，可以显现成本的节约和超支情况，考核企业施工技术水平及技术组织措施的贯彻执行情况和企业的经营效果。实际成本与承包成本比较，可以反映工程盈亏情况。因此，计划成本和实际成本都是反映施工企业成本水平的，它受企业本身的生产技术、施工条件及生产经营管理水平所制约。

（2）按生产费用计入成本的方法来划分，施工项目成本可分为直接成本和间接成本两种形式。

①直接成本是指直接消耗于工程，并能直接计入工程对象的费用。

②间接成本是指非直接用于工程也无法直接计入工程对象，但为进行工程施工所必须发生的费用，通常是按照直接成本的比例来计算。

按上述分类方法，能正确反映工程成本的构成，考核各项生产费用的使用是否合理，便于找出降低成本的途径。

（3）按生产费用与工程量关系来划分，施工项目成本可分为固定成本和变动成本。

①固定成本

固定成本是指在一定期限和一定的工程量范围内，其发生的成本额不受工程量增减变动的影响而相对固定的成本。如折旧费、大修理费、管理人员工资、办公费、照明费等。这一成本是为了保持企业具有一定的生产经营条件而发生的。一般来说，对于企业的固定成本，每年基本相同，但是当工程量超过一定范围则需要增添机械设备和管理人员，此时固定成本将会发生变动。此外，所谓固定是指其总额而言，关于分配到每个项目单位工程量上的固定费用则是变动的。

②变动成本

变动成本是指发生总额随着工程量的增减变动而成正比例变动的费用，如直接用于工程上的材料费、实行计划工资制的人工费用等。所谓变动，也是就其总额而言，对于单位分项工程上的变动费用往往是不变的。

将施工过程中发生的全部费用划分为固定成本和变动成本，对于成本管理和成本决策具有重要作用。由于固定成本是维持生产能力所必需的费用，要降低单位工程量的固定费用，只有从提高劳动生产率，增加企业总工程量数额并降低固定成本的绝对值入手。降低变动成本只能是从降低单位分项工程的消耗定额入手。

（二）施工项目成本管理的内容

施工项目成本管理是建筑业企业项目管理系统中的一个子系统，这一系统的具体工作内容包括：成本预测、成本计划、成本管理、成本核算、成本分析和成本考核等。

施工项目经理部在项目施工过程中对所发生的各种成本信息，通过有组织、有系统地进行预测、计划、控制、核算和分析等工作，促使施工项目系统内各种要素按照一定的目标运行，使施工项目的实际成本能够控制在预定的计划成本范围内。

1. 施工项目的成本预测

施工项目的成本预测是通过成本信息和施工项目的具体情况，并运用一定的专门方法，对未来的成本水平及其可能发展趋势做出科学的估计，其实质就是在施工以前对成本进行预测及核算。通过成本预测，可以使项目经理部在满足建设单位和企业要求的前提下，选择成本低、效益好的最佳成本方案，并能够在施工项目成本形成过程中，针对薄弱环节，加强成本控制，克服盲目性，提高预见性。因此，施工项目的成本预测是施工项目成本决策与计划的依据。

2. 施工项目的成本计划

施工项目的成本计划是项目经理部对项目施工成本进行计划管理的工具。它是以货币形式编制施工项目在计划期内的生产费用、成本水平、成本降低率以及为降低成本所采取的主要措施和规划的书面方案，它是建立施工项目成本管理责任制、开展成本控制和核算的基础。

一般来说，一个施工项目的成本计划应包括从开工到竣工所必需的施工成本，它是该施工项目降低成本的指导文件，是设立目标成本的依据。

3. 施工项目的成本管理

施工项目的成本管理是指在施工过程中，对影响施工项目成本的各种因素加强管理，并采取各种有效措施，将施工中实际发生的各种消耗和支出严格控制在成本计划范围内，随时提示并及时反馈，严格审查各项费用是否符合标准，计算实际成本和计划成本之间的差异并进行分析，消除施工中的损失浪费现象，发现和总结先进经验。通过成本管理，使之最终实现甚至超过预期的成本节约目标。

施工项目的成本管理应贯穿在施工项目从招投标阶段开始直到项目竣工验收的全过程，它是企业全面成本管理的重要环节。

4. 施工项目的成本核算

施工项目的成本核算是指项目施工过程中所发生的各种费用和形成施工项目成本的核算。施工项目的成本核算所提供的各种成本信息，是成本预测、成本计划、成本控制、成本分析和成本考核等各个环节的依据。因此，加强施工项目成本核算工作，对降低施工项目成本、提高企业的经济效益有积极的作用。

5. 施工项目的成本分析

施工项目的成本分析是在成本形成过程中，对施工项目成本进行的对比评价和剖析总结工作，它贯穿于施工项目成本管理的全过程，也就是说，施工项目成本分析主要利用施工项目的成本核算资料，与目标成本、预算成本以及类似的施工项目的实际成本等进行比较，了解成本的变动情况，同时也要分析主要技术经济指标对成本的影响。

6. 施工项目的成本考核

所谓成本考核，就是施工项目完成后，对施工项目成本形成中的各责任者，按施工项目成本目标责任制的有关规定，将成本的实际指标与计划、定额、预算进行对比和考核，评定施工项目成本计划的完成情况和各责任者的业绩，并以此给予相应的奖励和处罚。

（三）施工项目成本管理的原则

1. 成本最低原则

施工项目成本管理的根本目的，在于通过成本管理的各种手段，促进不断降低施工项目成本，以期能实现最低的目标成本的要求。但是，在实行成本最低化原则时，应注意研究降低成本的可能性和合理的成本最低化。一方面挖掘各种降低成本的潜力，使可能性变为现实；另一方面要从实际出发，制定通过主观努力可能达到的合理的最低成本水平。

2. 全面成本管理原则

在施工项目成本管理中，普遍存在"三重三轻"问题，即重实际成本的计算和分析，轻全过程的成本管理和对其影响因素的管理；重施工成本的计算分析，轻采购成本、工艺成本和质量成本的计算分析；重财会人员的管理，轻群众性日常管理。因此，为了确保不断降低施工项目成本，达到成本最低化的目的，必须实行全面成本管理。

全面成本管理是全企业、全员和全过程的管理，亦称"三全"管理。

3. 成本责任制原则

为了实行全面成本管理，必须对施工项目成本进行层层分解，以分级、分工、分人的成本责任制为保证。施工项目经理部应对企业下达的成本指标负责，班组和个人对项目经理部的成本目标负责，以做到层层保证，定期考核评定。成本责任制的关键是划清责任，并要与奖惩制度挂钩，使各部门、各班组和个人都来关心施工项目成本。

4. 成本管理有效化原则

所谓成本管理有效化，主要有两层意思：一是促使施工项目经理部以最少的投入，获得最大的产出；二是以最少的人力和财力，完成最多的管理工作，提高工作效率。

5. 成本管理科学化原则

成本管理是企业管理学中一个重要内容，企业管理要实行科学化，必须把有关自然科学和社会科学中的理论、技术和方法运用于成本管理。在施工项目成本管理中，可以运用预测与决策方法、目标管理方法、量本利分析方法和价值方法等。

二、施工项目成本计划

（一）施工项目成本计划的作用

施工项目成本计划是以货币形式预先规定施工项目进行中的施工生产耗费的目标总水

平，通过施工过程中实际成本的发生与其对比，可以确定目标的完成情况，并且按成本管理层次、有关成本项目以及项目进展的各个阶段对目标成本加以分解，以便于各级成本方案的实施。

施工项目成本计划是施工项目管理的一个重要环节，是施工项目实际成本支出的指导性文件。

1. 对生产耗费进行控制、分析和考核的重要依据

成本计划既体现了社会主义市场经济体制下对成本核算单位降低成本的客观要求，也反映了核算单位降低成本的目标。成本计划可作为生产耗费进行事前预计、事中检查控制和事后考核评价的重要依据。许多施工单位仅单纯重视项目成本管理的事中控制及事后考核，却忽视甚至省略了至关重要的事前计划，使得成本管理从一开始就缺乏目标，无法考核控制、对比，产生很大的盲目性。施工项目目标成本一经确定，就要层层落实到部门、班组，并应经常将实际生产耗费与成本计划进行对比分析，揭露执行过程中存在的问题，及时采取措施，改进和完善成本管理工作，以保证施工项目的目标成本指标得以实现。

2. 成本计划与其他各方面的计划有着密切的联系，是编制其他相关生产经营计划的基础

每一个施工项目都有着自己的项目目标，这是一个完整的体系。在这个体系中，成本计划与其他各方面的计划有着密切的联系。它们既相互独立，又起着相互依存和相互制约的作用，如编制项目流动资金计划、企业利润计划等都需要目标成本编制的资料；同时，成本计划是综合平衡项目的生产经营的重要保证。

3. 可以动员全体职工深入开展增产节约、降低产品成本的活动

为了保证成本计划的实现，企业必须加强成本管理责任制，把目标成本的各项指标进行分解，落实到各部门、班组乃至个人，实行归口管理，并做到责、权、利相结合，增产节约、降低产品成本。

(二) 施工项目成本计划的预测

1. 施工投标阶段的成本估算

投标报价是施工企业采取投标方式承揽施工项目时，以发包人招标文件中的合同条件、技术规范、设计图纸与工程量表、工程的性质和范围、价格条件说明和投标须知等为基础，结合调研和现场考察所得的情况，根据企业自己的定额、市场价格信息和有关规定，计算和确定承包该项工程的报价。

施工投标报价的基础是成本估算。企业首先应依据反映本企业技术水平和管理水平的企业定额，计算确定完成拟投标工程所需支出的全部生产费用，即估算该施工项目施工生产的直接成本和间接成本，包括人工费、材料费、机械使用费、现场管理费用等。

2. 项目经理部的责任目标成本

在实施项目管理之前，首先由企业与项目经理协商，将合同预算的全部造价收入，分为现场施工费用（制造成本）和企业管理费用两部分。其中，以现场施工费用核定的总额，作为项目成本核算的界定范围和确定项目经理部责任成本目标的依据。

将正常情况下的制造成本确定为项目经理的可控成本，形成项目经理的责任目标成本。

由于按制造成本法计算出来的施工项目成本，实际上是项目的施工现场成本，反映了项目经理部的成本管理水平，这样，用制造成本法既便于对项目经理部成本管理责任的考核，也为项目经理部节约开支、降低消耗提供可靠的基础。

责任目标成本是企业对项目经理部提出的指令成本目标，是以施工图预算为依据，也是对项目经理进行施工项目管理规划、优化施工方案、制定降低成本的对策和管理措施提出的要求。

3. 项目经理部的计划目标成本

项目经理部在接受企业法定代表人委托之后，应通过主持编制项目管理实施规划寻求降低成本的途径，组织编制施工预算，确定项目的计划目标成本。

施工预算是项目经理部根据企业下达的责任成本目标，在编制详细的施工项目管理规划中不断优化施工技术方案和合理配置生产要素的基础上，通过工料消耗分析和制定节约成本措施之后确定的计划成本，也称现场目标成本。一般情况下，施工预算总额控制在责任成本目标的范围内，并留有一定余地。在特殊情况下，若项目经理部经过反复挖潜，仍不能把施工预算总额控制在责任成本目标范围内时，则应与企业进一步协商修正责任成本目标或共同探索进一步降低成本的措施，以使施工预算建立在切实可行的基础上。

4. 计划目标成本的分解与责任体系的建立

目标责任成本总的控制过程为：划分责任—确定成本费用的可控范围—编制责任预算—内部验工计价—责任成本核算—责任成本分析—成本考核（即信息反馈）。

（1）划分责任。确定责任成本单位，明确责、权、利和经济效益。施工企业的责任成本控制应以工人、班组的制造成本为基础，以项目经理部为基本责任主体。要根据职能简化、责任单一的原则，合理划分所要控制的成本范围，赋予项目经理部相应的责、权、利，实行责任成本一次包干。公司既是本级的责任中心，又是项目经理部责任成本的汇总部门和管理部门。形成三级责任中心，即班组责任中心、项目经理部责任中心、公司责任中心。这三级责任中心的核算范围为各级所控制的各项工程的成本、费用及其差异。

（2）确定成本费用的可控范围。要按照责任单位的责权范围大小，确定可以衡量的责任目标和考核范围，形成各级责任成本中心。

班组主要控制制造成本，即工费、料费、机械费三项费用。项目经理部主要控制责任成本，即工费、料费、机械费、其他直接费、间接费等五项费用。公司主要控制目标责任成本，即工费、料费、机械费、公司管理费、公司其他间接费、公司不可控成本费用、上交公司费用等。

（3）编制责任成本预算。以上两条作为依据，编制责任成本预算。注意责任成本预算中既要有人工、材料、机械台班等数量指标，也要有按照人工、材料、机械台班等的固定价格计算的价值指标，以便于基层具体操作。

（4）内部验工计价。验工验的是工程队当月的目标责任成本，计价计的是项目经理部当月的制造成本。各项目经理部把当月验工资料以报表的形式上报，供公司审批。计价细分为大小临时工程计价、桥隧路工程计价（其中又分班组计价、民工计价）、大堆料计价、运杂费计价、机械队机械费计价、公司材料费计价。其中机械队机械费、公司材料费一般采取转账方式。细分计价方式比较有利于成本核算和实际成本费用的归集。

（5）责任成本核算。通过成本核算，可以反映施工耗费和计算工程实际成本，为企业管理提供信息。通过对各项支出的严格控制，力求以最少的施工耗费取得最大的施工成果，并以此计算所属施工单位的经济效益，为分析考核、预测和计划工程成本提供科学依据。核算体系分班组、项目经理部、公司三级，主要核算人工费、材料费、机械使用费、其他直接费和施工管理费五个责任成本项目。

（6）责任成本分析。成本分析主要是利用成本核算资料及其他相关资料，全面分析了解成本变动情况，系统研究影响成本升降的各种因素及其形成的原因，挖掘降低成本的潜力，正确认识和掌握成本变动的规律性。通过成本分析，可以对成本计划的执行过程进行有效的控制，及时发现和制止各种损失和浪费，为预测成本、编制下期成本计划和经营决策提供重要依据。分析的方法有四种：比较分析法、比率分析法、因素分析法、差额分析法。所采取的主要方式是项目经理部相关部门与公司指挥部相关部门每月共同审核分析，再据此进行季度、年度成本分析。

（7）成本考核。每月要对工程预算成本、计划成本及相关指标的完成情况进行考核、评比。其目的在于充分调动职工的自觉性和主动性，挖掘内部潜力，达到以最少的耗费，取得最大的经济效益。成本考核主要有四个方面：第一，对降低成本任务的考核，主要是对成本降低率的考核；第二，对项目经理部的考核，主要是对成本计划的完成情况进行考核；第三，对班组成本的考核，主要是考核材料、机械、工时等消耗定额的完成情况；第四，对施工管理费的考核，公司与项目经理部分别考核。

三、施工项目成本的运行管理

在项目施工中，项目经理应根据目标成本控制计划，做好材料物资采购控制、用量管理，现场设施、机械设备的管理，分包管理达到节约增收，对实际成本进行有效管理。

（一）材料物资采购管理

1. 材料采购供应

一般工程中，材料的价值约占工程造价的70%，材料控制的重要性显而易见。材料供应分为业主供应和承包商采购。

（1）建设单位（业主）供料管理。建设单位供料的供应范围和供应方式应在工程承包合同中事先加以明确，由于设计变更原因，施工中大都会发生实物工程量和工程造价的增减变化，因此，项目的材料数量必须以最终的工程结算为依据进行调整，对于业主（甲方）未交足的材料，须按市场价列入工程结算，向业主收取。

（2）承包企业材料采购供应管理。工程所需材料除部分由建设单位（业主）供应，其余全部由承包企业（乙方）从市场采购，许多工程甚至全部材料都由施工企业采购。在选择材料供应商的时候，应坚持"质优、价低、运距近、信誉好"的原则，否则就会给工程质量、工程成本和正常施工带来无穷的后患。要结合材料进场入库的计量验收情况，对材料采购工作的各个环节进行检查和管理。

2. 材料价格的管理

由于材料价格是由买价、运杂费、运输中的损耗等组成，因此材料价格主要应从以下三个方面加以管理。

（1）买价管理

买价的变动主要是由市场因素引起的，但在内部管理方面还有许多工作可做，应事先对供应商进行考察，建立合格供应商名册。采购材料时，必须在合格供应商名册中选定供应商，货比三家，在保质保量的前提下，选择最低买价。同时确保项目监理、项目经理部对企业材料部门采购的物资有权过问与询价，对买价过高的物资，可以根据双方签订的合同处理。

（2）运费管理

就近购买材料和选用最经济的运输方式都可以降低材料成本。材料采购通常要求供应商在指定的地点按合同约定交货，若因供应单位变更指定地点而引起费用增加，供应商应予支付。

（3）损耗管理

严格管理材料的损耗可节约成本，损耗可分为运输损耗、仓库管理损耗、现场损耗。

3. 材料用量的管理

在保证符合设计要求的前提下，合理使用材料和节约材料，通过定额管理、计量管理以及施工质量管理等手段，有效控制材料物资的消耗。

（1）定额与指标管理

对于有消耗定额的材料，项目以消耗定额为依据，实行限额发料制度，施工项目各工长只能依据限额分期分批领用，如需超限领用材料，应办理有关手续后再领用。对于没有消耗定额的材料，按企业计划管理办法进行指导管理。

（2）计量管理

为准确核算项目实际材料成本，保证材料消耗准确，在采购和班组领料过程中，要严格计量，防止出现差错造成损失。

（3）以钱代物，包干控制

在材料使用过程中，可以考虑对不易管理且使用量小的零星材料（如铁钉、铁丝等）采用以钱代物、包干管理的方法。根据工程量算出所需材料数量并将其折算成现金，发给施工班组，一次包完。班组用料时，再向项目材料员购买，若出现超支则由班组自己负责，若有节约则归班组所得。

（二）现场设施管理

施工现场临时设施费用是工程直接成本的组成部分之一。施工现场各类临时设施配置规模直接影响工程成本。

1. 现场生产及办公、生活临时设施和临时房屋的搭建数量、形式的确定，在满足施工基本需要的前提下，尽可能做到简洁适用，节约施工费用。

2. 材料堆场、仓库类型、面积的确定，尽可能在满足合理储备和施工需要的前提下合理配制。

3. 临时供水、供电管网的铺设长度及容量确定，要尽可能合理。

4. 施工临时道路的修筑，材料工器具放置场地的硬化等，在满足施工需要的前提下，数量应尽可能小，尽可能利用永久性道路路基，不足时再修筑施工临时道路。

（三）施工机械管理

合理使用施工机械设备对工程项目的顺利施工及其成本管理具有十分重要的意义，尤其是高层建筑施工。据统计，高层建筑地面以上部分的总费用中，垂直运输机械费用约占6%～10%。正确拟定施工方法和选择施工机械是合理组织施工的关键，因为它直接影响着施工速度、工程质量、施工安全和工程的成本。因此，在组织工程项目施工时，应首先予以解决。

各个施工过程可以采用多种不同的施工方法和多种不同类型的建筑机械进行施工，而每一种方法都有其优缺点，应从若干个可以实现的施工方案中，选择适合于本工程、较先进合理而又最经济的施工方案，以达到成本低、劳动效率高的目的。

施工方法的选择必然要涉及施工机械的选择。特别是现代工程项目中，机械化施工作为实现建筑工业化的重要因素，施工机械的选择就成为施工方法选择的中心环节。

选择施工机械时，应首先选择主导工程的机械。结合工程特点和其他条件确定其最合适的类型，例如装配式单层工业厂房结构安装用起重机类型的选择：当工程量较大而又集中时，可以采用生产效率较高的塔式起重机；当工程量较小或工程量虽大却又相当分散时，可采用自行式起重机，选用的起重机型号应满足起重量、起重高度和起重半径的要求。

选择与主导机械配套的各种辅助机械或运输工具时，应使它们的生产能力协调一致，使主导机械的生产能力得到充分发挥。例如在土方工程中，若采用汽车运土，汽车容量一般是挖土机斗容量的整倍数，汽车数量应保证挖土机连续工作；又如在结构安装施工中，运输机械的数量及每次运输量应保证起重机连续工作。

在一个建筑工地上，如果机械的类型很多，会使机械修理工作复杂化。为此，在工程量较大、适宜专业化生产的情况下，应该采用专业机械；工程量小而分散的情况下，尽量采用多用途的机械，使一种机械能适应不同分部分项工程的需要。例如，挖土机既可用于挖土，又可用于装卸、起重和打桩。这样既便于工地上的管理，又可以减少机械转移时的工时消耗。同时还应考虑充分发挥施工单位现有机械的能力，并争取实现综合配套。

所选机械设备必须在技术上是先进的，在经济上则是合理有效的，而且符合施工现场的实际情况。

（四）分包价格管理

现在专业分工越来越细，对工程质量的要求越来越高，对施工进度的要求越来越快。

因此，工程项目的某些分项就能分包给某些专业公司。分包工程价格的高低对施工成本影响较大，项目经理部应充分做好分包工作。当然，由于总承包人对分包人选择不当而发生的施工失误的责任由总承包人承担，因此，要对分包人进行二次招标，总承包人对分包的企业进行全面认真的分析，综合判定选择分包企业，但分包应征得业主同意。项目经理部在确定施工方案的初期就需要对分包予以考虑，并定出分包的工程范围。决定这一范围的控制因素主要是考虑工程的专业性和项目规模。

四、施工项目成本核算

（一）施工项目成本核算的对象

成本核算的对象是指在计算工程成本中，确定归集和分配生产费用的具体对象，即生产费用承担的客体。

具体的成本核算对象主要应根据企业生产的特点加以确定，同时还应考虑成本管理上的要求。由于建筑产品用途的多样性，带来了设计、施工的单件性。每一建筑安装工程都有其独特的形式、结构和质量标准，需要一套单独的设计图，在建造时需要采用不同的施工方法和施工组织。

即使采用相同的标准设计，但由于建造地点的不同，在地形、地质、水文以及交通等方面也会有差异。施工企业这种单件性生产的特点，决定了施工企业成本核算对象的独特性。

有时一个施工项目包括几个单位工程，需要分别核算。单位工程是编制工程预算、制订施工项目工程成本计划和与建设单位结算工程价款的计算单位。施工项目成本一般应以每一独立编制施工图预算的单位工程为成本核算对象，但也可以按照承包工程项目的规模、工期、结构类型、施工组织和施工现场等情况，结合成本管理要求，灵活划分成本核算对象。一般来说有以下五种划分方法：

1. 一个单位工程由几个施工单位共同施工时，各施工单位都应以同一单位工程为成本核算对象，各自核算自行完成的部分。

2. 规模大、工期长的单位工程，可以将工程划分为若干部位，以分部位的工程作为成本核算对象。

3. 同一建设项目，由同一施工单位施工，并在同一施工地点，属同一结构类型，开竣工时间相近的若干单位工程可以合并为一个成本核算对象。

4. 改建、扩建的零星工程，可以将开竣工时间相接近、属于同一建设项目的各个单位工程合并作为一个成本核算对象。

5. 土石方工程、打桩工程，可以根据实际情况和管理需要，以一个单项工程为成本核算对象，或将同一施工地点的若干个工程量较少的单项工程合并作为一个成本核算对象。

（二）施工项目成本核算的任务

施工项目成本核算主要应完成以下任务：

1. 执行国家有关成本核算范围、费用开支标准、工程预算定额和企业施工预算、成本计划的有关规定，控制费用，促使项目合理节约人力、物力和财力。这是施工项目成本核算的先决前提和首要任务。

2. 正确及时地核算施工过程中发生的各项费用，计算施工项目的实际成本。这是项目成本核算的主体和中心任务。

3. 反映和监督施工项目成本计划的完成情况，为项目成本预测，为参与项目施工生产、技术和经营决策提供可靠的成本报告和有关资料，促进项目改善经营管理，降低成本，提高经济效益。这是施工项目成本核算的根本任务。

（三）施工项目成本核算的基础

项目的直接管理部门（项目经理部）必须在项目施工的过程中做大量的基础工作，为项目建立必要的账表和管理台账，以记录项目施工过程实际发生的成本费用以及其他相关经济指标。没有这些记录的资料，项目成本的核算将无从入手。

1. 施工项目成本会计的账表

（1）工程施工账。

①工程项目施工——工程项目明细账。

②单位工程施工——单位工程成本明细账。

（2）施工间接费账。

（3）其他直接费账。

（4）项目工程成本表。

（5）在建工程成本明细表。

（6）竣工工程成本明细表。

（7）施工间接费表。

2. 施工项目成本核算的管理会计式台账

管理会计式台账主要有以下四类辅助记录台账：

第一类，是为项目成本核算积累资料的台账，如产值构成台账、预算成本构成台账、增减账台账等。

第二类，是对项目资源消耗进行控制的台账，如人工耗用台账、材料耗用台账、结构构件耗用台账、周转材料使用台账、机械使用台账、临时设施台账等。

第三类，是为项目成本分析积累资料的台账，如技术组织措施执行情况台账、质量成本台账等。

第四类，是为项目管理服务和"备忘"性质的台账，如甲方供料台账、分包合同台账及其他必须设立的台账等。

（四）施工项目成本核算过程

成本的核算过程，实际上也是各成本项目的归集和分配的过程。成本的归集是指通过一定的会计制度以有序的方式进行成本数据的收集和汇总；成本的分配是指将归集的间接成本分配给成本对象的过程，也称间接成本的分摊或分派。

1. 人工费核算

（1）内包人工费

这是指企业所属的劳务分公司与项目经理部签订的劳务合同结算的全部工程价款，按月结算，计入项目或单位工程成本。

（2）外包人工费

按项目经理部与劳务分包企业签订的包清工合同，以当月验收完成的工程实物量，计算出定额工日数乘以合同人工单价确定人工费，并按月凭项目经济员提供的《包清工工程款月度成本汇总表》预提计入项目或单位工程成本。

上述内包、外包合同履行完毕后，根据分部分项工程的工期、质量、安全、场容等验收考核情况，进行合同结算，以结账单按实据以调整项目实际成本。对估点工任务单必须当月签发，当月结算，严格管理，按实计入成本，隔月不予结算，一律作废。

2. 材料费结算

（1）工程耗用的材料，根据《限额领料单》《退料单》《报损报耗单》《大堆材料耗用计算单》等，由项目材料员按单位工程编制"材料耗用汇总表"，计入项目成本。

（2）各种材料价差，按规定计入项目成本。

3. 周转材料费核算

（1）周转材料实行内部租赁制，以租费的形式反映其消耗情况，按"谁租用谁负担"的原则核算其成本。

（2）按周转材料租赁办法和租赁合同，由出租方与项目经理部按月结算租赁费。租赁费按租用的数量、时间和内部租赁单价计算计入项目成本。

（3）周转材料在调入、移出时，项目经理部都必须加强计量验收制度，如有短缺、损坏，一律按原价赔偿，计入项目成本（缺损数＝进场数–退场数）。

（4）租用周转材料的进退场运费，按其实际发生数，由调入项目负担。

4. 结构件费核算

（1）项目结构件的使用必须有领发手续，并根据这些手续，按照单位工程使用对象编制《结构件耗用月报表》。

（2）项目结构构件的单价，以项目经理部与外加工单位签订的合同为准，计算耗用金额进入成本。

（3）根据实际施工形象进度、已完成施工产值的统计、各类实际成本消耗三者在月度时点上要同步，结构构件耗用的品种和数量应与施工产值相对应。结构构件数量金额的结存数应与项目成本员的账面余额相符。

（4）结构构件的一般价差可计入当月项目成本。

（5）部位分项分包，按照企业通常采用的类似结构件管理和核算方法，项目经济员必须做好月度已完工程部分验收记录，正确计算报告部位分项分包产值，并书面通知项目成本员及时、正确、足额计入成本。

5. 机械使用费核算

（1）机械设备实行内部租赁制，以租赁费形式反映其消耗情况，按"谁租用谁负担"的原则，核算其项目成本。

（2）按机械设备租赁办法和租赁合同，由企业内部机械设备租赁市场与项目经理部按月结算租赁费，计入项目成本。

（3）机械进出场费，按规定由承租项目负担。

（4）项目经理部租赁的各类大中小型机械，其租赁费全额计入项目机械费成本。

（5）根据内部机械设备租赁市场运行规则要求，结算原始凭证由项目指定专人签证开班和停班数，据此结算费用。现场机、电等操作工奖金由项目考核支付，计入项目机械费成本并分配到有关单位工程。

上述机械租赁费结算，尤其是大型机械租费及进出场费应与产值对应，防止只有收入

而无支出等不正常现象，或形成收入与支出不平衡的状况。

6. 其他直接费核算

项目施工生产过程中实际发生的其他直接费，有时并不"直接"，凡能弄清受益对象的，应直接计入受益成本核算对象的"工程施工—其他直接费"。其他直接费包括以下内容：

（1）施工过程中的材料二次运费。

（2）临时设施摊销费。

（3）生产工具、用具使用费。

（4）除上述以外的其他直接费内容，均应按实际发生的有效结算凭证计入项目成本。

7. 施工间接费核算

间接费包括以下内容：原则，核算其项目成本。

（1）以项目经理部为单位编制工资单和奖金单，列支工作人员薪金。项目经理部工资总额每月必须正确核算，以此计提职工福利费、工会经费、教育经费、劳保统筹费等。

（2）劳务分公司所提供的炊事人员代办食堂承包服务、警卫人员提供的区域岗点承包服务以及其他代办服务费用计入施工间接费。

（3）内部银行的存贷款利息，计入"内部利息"（新增明细子目）。

（4）施工间接费，先在项目"施工间接费"总账归集，再按一定的分配标准计入受益核算对象（单位工程）"工程施工—间接成本"。

8. 分包工程成本核算

（1）包清工工程，如前所述纳入"人工费—外包人工费"内核算。

（2）部位分项分包工程，如前所述纳入结构构件费内核算。

（3）外包工程。

①双包工程，是指将整幢建筑物以包工包料的形式分包给外单位施工的工程。可根据承包合同取费情况和发包（双包）合同支付情况，即上下合同差，测定目标盈利率。月度结算时，以双包工程已完工程价款做收入，应付双包单位工程款做支出，适当负担施工间接费。为稳妥起见，拟在管理目标盈利率的50%以内，也可在月结成本时做收支持平，竣工结算时，再按实调整实际成本，反映利润。

②机械作业分包工程，是指利用分包单位专业化施工优势，将打桩、吊装、大型土方、深基础等施工项目分包给专业单位施工的形式。对机械作业分包产值统计的范围是：只统计分包费用，而不包括物耗价值，即打桩只计打桩费而不计桩材费，吊装只计吊装费而不包括构件费。机械作业分包实际成本与此对应，包括分包结账单内除工期奖之外的全

部工程费用，总体反映其全貌成本。

同双包工程一样，总分包企业合同差，包括总包单位管理费、分包单位让利收益等，在月结成本时，可先预结一部分，或月结时做收支持平处理，到竣工结算时，再作为项目效益反映。上述双包工程和机械作业分包工程由于收入和支出比较容易辨认（计算），所以项目经理部也可以对这两项分包工程采用竣工点结算的办法，即月度不结盈亏。

项目经理间应增设"分建成本"成本项目，核算反映双包工程、机械作业分包工程的成本状况。分包形式，特别是双包，对分包单位领用、租用、借用本企业物资、工具、设备、人工等费用，必须根据项目经管人员开具的，且经分包单位指定专人签字认可的专用结算单据，如《分包单位领用物资结算单》及《分包单位租用工用具设备结算单》等结算依据入账，抵作已付分包工程款。同时要注意对分包奖金的控制，分包付款、供料控制，主要应依据合同及供料计划实施制约，单据应及时流转结算，账上支付额（包括抵作额）不得突破合同。要注意阶段控制，防止奖金失控，引起成本亏损。

（五）施工项目成本核算报告

项目经理部应在跟踪核算分析的基础上，编制月度项目成本报告，按规定的时间报送企业成本主管部门，以满足企业的要求。

在工程施工期间，定期编制成本报表既能提醒注意当前急需解决的问题，又能掌握项目的施工总情况。

1. 人工费周报表

人工费是项目经理部最能直接控制的成本，它不仅能控制工人的选用，而且能控制工人的工作量和工作时间，所以项目经理部必须经常掌握人工费用的详细情况。

人工费周报表反映了某一周内工程施工中每个分项工程的人工单位成本和总成本，以及与之对应的预算数据。若发现某些分项工程的实际人工费与预算存在差异，就可以进一步找出症结所在，从而采取措施来纠正存在的问题。

2. 工程成本月报表

人工费周报表内只包括人工费用，而工程成本月报表内却包括工程的全部费用。工程成本月报表是针对每一个施工项目设立的，有助于项目经理评价本工程中各个分项工程的成本支出情况，找出具体核算对象成本和超过的数额和原因，以便及时采取对策，防止偏差积累而导致成本目标失控。

第二节　建设工程项目质量管理

一、质量管理概述

（一）质量管理研究的主要内容

迄今为止，质量管理研究的主要内容有以下八个方面。

1. 质量管理基本概念

任何一门学科都有一套专门的、特定的概念，组成一个合乎逻辑的理论概述。质量管理也不例外，如质量、质量方针、质量控制、质量保证、质量审核、质量成本、质量体系等，是质量管理中常用的重要概念，应确定其统一、正确的术语及其准确的含义。

2. 质量管理的基础工作

质量管理的基础工作是标准化、计量、质量信息与质量教育工作，此外还有以质量否决权为核心的质量责任制。离开这些基础，质量管理是无法推行或行之无效的。

3. 质量体系的设计（策划）

质量管理的首要工作就是设计或策划科学有效的质量体系，无论是国家、行业、企业还是某个组织、单位的质量体系设计，都要从实际情况和客观需要出发，合理选择质量体系要素，编制质量体系文件，规划质量体系运行步骤和方法，并制定考核办法。

4. 质量管理的组织体制和法规

要从我国国情出发，研究建立适合我国经济体制和政治体制的质量管理组织体制和质量管理法规。当然，也要研究其他各国质量管理体制、法规，以博采众长，取长补短，融合提炼成中国特色社会主义的质量管理体制和法规体系，如质量管理组织体系、质量监督组织体系、质量认证体系，以及质量管理方面的法律、法规和规章等。

5. 质量管理的工具和方法

质量管理的基本思想方法是 P（计划）D（实施）C（检查）A（总结）；基本数学方法是概率论和数理统计法。由此而总结出各种常用工具，如排列图、因果分析图、直方图、控制图等。近年来，人们又根据运筹学、控制论等系统工程科学方法研制了关联图法、系统图法、矩阵图法等七种工具。此外，还有实验设计、方差与回归分析及控制图表等。

6. 质量抽样检验方法和控制方法

质量指标是具体、定量的，如何抽样检查或检验，怎样实行有效的控制，都要在质量管理过程中正确运用数理统计方法，研究和制定各种有效的控制系统。质量的统计抽样工具——抽样方法标准，就成为质量管理工程中一项十分重要的内容。

7. 质量成本和质量管理经济效益的评价、计算

质量成本是从经济性角度评定质量体系有效性的重要方面。科学有效的质量管理，对企事业单位和对国家都有显著的经济效益。如何核算质量成本，怎样定量考核质量管理水平的效果，已成为现代质量管理必须研究的一项重要课题。

8. 质量管理人才的培训、教育

质量管理，以人为本。没有高质量的质量管理人才是不可能开展质量管理事业的。为此，要研究质量管理的学历教育（包括博士、硕士和学士等），职业或继续教育的课程内容、教材、教学方法；质量管理专业技术职称评审、职称聘任的条件和方法等。

此外，可信性管理、质量管理经济效果的评定和计算以及质量文化建设等也是质量管理研究的重要内容。

（二）质量管理的常用方法

1. 全面质量管理

为了能够在最经济的水平上并充分考虑到满足顾客要求的条件下进行市场研究、设计、制造和售后服务，把企业内各部门的研制质量、维持质量和提高质量的活动构成为一体的管理模式称为全面质量管理。它的意义在于提高产品质量，降低经营成本，增强质量意识，提高市场占有率，改进售后服务，降低企业风险，减少责任事故的发生。其要旨在于：为了取得真正的经济效益，管理必须以顾客的质量要求为出发点，以顾客对产品最终满意为落脚点。这种质量管理过程的全面性，决定了全面质量管理的内容应当包括设计过程、制造过程、辅助过程、使用过程四个过程的质量，从而实现人、设备、信息三位一体的协调活动。具体环节如下：通过市场调查，确定高标准产品质量目标和设计方案；投入生产以数理统计原理为基础进行工序质量控制；做好原材料入厂质量把关和各项后勤工作，为生产提供良好的物质技术条件和配套服务；开展产品售后服务，根据市场反馈的产品使用效果和用户要求调整目标。

2. 六西格玛管理法

六西格玛管理法总结了质量管理的成功经验，吸纳了顾客满意理论、变革管理、供应链管理、经济性管理等现代理论和方法，使质量成为企业追求卓越的根本途径，形成企业质量竞争力的核心内容。六西格玛管理法可以作为企业战略方法和相应的工具，通过严谨的、系统化的以及以数据为依据的方法，消除包括从生产到销售、从产品到服务所有过程中的缺陷，从而提高企业的竞争实力。

六西格玛管理法步骤如下：第一步，定义问题。即发现问题，找到症结所在，并规划流程。六西格玛不像其他管理方法仅仅简单地关注结果，六西格玛关注创造产品、提供服务的流程，以便你能很容易地识别各个步骤之间的联系。第二步，测量某个流程或操作的缺陷机会的多少，并计算出"缺陷率"。第三步，分析问题出现的原因，将工作重点放在对质量有重大影响的事情上，找出影响数据的变量和影响问题的关键因素。第四步，提高关键环节质量的改进，从而改进整个流程。第五步，严格控制新的流程。

简言之，六西格玛管理法就是：定义问题—测量你所处的状态—分析问题的影响因素—改进状况—控制新的流程。

3. 文件化的质量管理体系

建立行之有效的质量管理体系并使之有序地运行，是质量管理的主要任务。文件化的质量管理体系能避免经验管理中的盲目性和不确定性，是实现预定质量目标的保证。在确立了质量方针和质量目标后，为了实现质量方针、达到质量目标，把所有应做到的事情涉及的每个部门乃至每个人，应该做什么、怎么做、什么时候做、要求是什么、用什么设备材料、如何控制等内容全部用文字的形式写下来。建立数个程序文件，把涉及质量的有关部门、人、资源都纳入质量管理体系中，也就是说把影响质量的所有工作人员的职责、权限、相互关系，以及各种岗位、各种工作项目不同的实施方式都进行阐述，并用文件的形式固定下来，这种管理模式即文件化的质量管理体系。它的本质在于通过建立具有很强的约束力的文件化管理制度，使各项工作及影响工作结果的全部因素都处于严格的受控状态，并通过不间断的管理体系审核及评审，力求不断改进和提高管理水平，确保预期目标得以实现。

企业管理中采用文件化的质量管理体系是推行 ISO 9001 质量管理体系的前提。

4. QC（质量控制）小组活动

QC 小组活动是指在生产或工作岗位上从事各种劳动的职工，围绕企业的经营战略、方针目标和现场存在的问题，以改进质量、降低消耗、提高人的素质和经济效益为目的组织起来的小组，运用质量管理的理论和方法开展质量管理的一种管理模式。QC 小组是企业中群众性质量管理活动的一种有效组织形式，是职工参加企业民主管理的经验同现代科学管理方法相结合的产物，它是小组活动的主体。它的显著特点在于广泛的群众性、高度的民主性、严密的科学性。

5. 零缺陷管理

"零缺陷管理"即无缺点，其管理的思想本质在于企业发挥个人的主观能动性来进行经营管理，生产者要努力使自己的产品无缺点，并向着高质量标准目标而奋斗。它要求生产从一开始就本着严肃认真的态度把工作做得准确无误，在生产中从产品的质量、成本与消耗等方面的要求来合理安排，而不是依靠事后的检验来纠正。而供应、销售及售后服务等其他环节也和产品生产环节一样，从物资、资本、成本、财务、科技开发、员工等方面，全方位地管理无缺陷，便构筑起了完美的"零缺陷管理"体系。零缺陷强调预防系统控制和过程控制，第一次就把事情做对并符合对顾客承诺的要求。开展零缺陷管理可以提高全员对产品质量和业务质量的责任感，从而保证产品质量和工作质量。

6. 顾客满意度调查

顾客满意度调查是将"顾客至上"思想具体化的管理方法，是一种先进的管理测评手段。

它通过分析影响顾客满意状态的各种因素，从所获得的信息中汲取经验和分析不足并逐渐建立顾客满意指标体系，对管理过程和经营方法进行测评，并有针对性地提出解决方案，将其应用在企业的具体经营管理中，提高企业市场竞争能力和经营管理水平。在企业保证顾客满意度的过程中，企业会越来越了解顾客，常常会准确地预测到顾客的需求和愿望。这样，企业就不用花更多的时间和精力去做市场研究，新产品的研制和生产也会少走弯路，在很大程度上减少了企业的浪费，节约了成本，可以利用有限的资源最大限度地提高企业的经济效益。

（三）建设工程项目质量控制的含义

质量控制是质量管理的一部分，是致力于满足质量要求的一系列相关活动。

质量控制包括采取的作业技术和管理活动。作业技术是直接产生产品或服务质量的条件；但并不是具备相关作业技术能力都能产生合格的质量，在社会化大生产条件下，还必须通过科学的管理，来组织和协调作业技术活动的过程，以充分发挥其质量形成能力，实现预期的质量目标。

建设工程项目从本质上说是一项拟建的建筑产品，它和一般产品具有同样的质量内涵，即满足明确和隐含需要的特性的总和。其中明确的需要是指法律法规技术标准和合同等所规定的要求；隐含的需要是指法律法规或技术标准尚未做出明确规定，然而随着经济发展、科学进步及人们消费观念的变化，客观上已存在的某些需求。因此，建筑产品的质量也就需要通过市场和营销活动加以识别，以不断进行质量的持续改进。其社会需求是否得到满足或满足的程度如何，必须用一系列定量或定性的特性指标来描述和评价，这就是通常意义上的产品适用性、可靠性、安全性、经济性以及环境的适宜性等。

由于建设工程项目是由业主（或投资者、项目法人）提出明确的需求，然后再通过一次性承发包生产，即在特定的地点建造特定的项目，因此工程项目的质量总目标，是业主建设意图通过项目策划，包括项目的定义及建设规模、系统构成、使用功能和价值、规格档次标准等的定位策划和目标决策来提出的。工程项目质量控制，包括勘察设计、招标投标、施工安装、竣工验收各阶段，均应围绕着致力于满足业主要求的质量总目标而展开。

二、建设工程项目质量控制系统的建立和运行

（一）建设工程项目质量控制系统的构成

（1）工程项目质量控制系统是面向工程项目而建立的质量控制系统，它不同于企业按照 GB/T19000 标准建立的质量管理体系。其不同点主要在于：

①工程项目质量控制系统只用于特定的工程项目质量控制，而不是用于建筑企业的质量管理，即目的不同。

②工程项目质量控制系统涉及工程项目实施中所有的质量责任主体，而不只是某一个建筑企业，即范围不同。

③工程项目质量控制系统的控制目标是工程项目的质量标准，并非某一建筑企业的质量管理目标，即目标不同。

④工程项目质量控制系统与工程项目管理组织相融，是一次性的，并非永久性的，即时效不同。

⑤工程项目质量控制系统的有效性一般只做自我评价与诊断，不进行第三方认证，即评价方式不同。

（2）工程项目质量控制系统的构成，按控制内容分，有工程项目勘察设计质量控制子系统、工程项目材料设备质量控制子系统、工程项目施工安装质量控制子系统、工程项目竣工验收质量控制子系统。

（3）工程项目质量控制系统构成，按实施的主体分，有建设单位建设项目质量控制系统、工程项目总承包企业项目质量控制系统、勘察设计单位勘察设计质量控制子系统（设计—施工分离式）、施工企业（分包商）施工安装质量控制子系统、工程监理企业工程项目质量控制子系统。

（4）工程项目质量控制系统构成，按控制原理分，有质量控制计划系统，确定建设项目的建设标准、质量方针、总目标及其分解；质量控制网络系统，明确工程项目质量责任主体构成、合同关系和管理关系，控制的层次和界面；质量控制措施系统，描述主要技术措施、组织措施、经济措施和管理措施的安排；质量控制信息系统，进行质量信息的收集、整理、加工和文档资料的管理。

（5）工程质量控制系统的不同构成，只是提供全面认识其功能的一种途径，实际上它们是交互作用的，而且和工程项目外部的行业及企业的质量管理体系有着密切的联系，如政府实施的建设工程质量监督管理体系、工程勘察设计企业及施工承包企业的质量管理体系、材料设备供应商的质量管理体系、工程监理咨询服务企业的质量管理体系、建设行业实施的工程质量监督与评价体系等。

（二）建设工程项目质量控制系统的建立

1. 建立工程项目质量控制体系的原则

根据实践经验，可以参照以下几条原则来建立工程项目质量控制体系：

（1）分层次规划的原则。第一层次是建设单位和工程总承包企业，分别对整个建设项目和总承包工程项目进行相关范围的质量控制系统设计；第二层次是设计单位、施工企业（分包）、监理企业，在建设单位和总承包工程项目质量控制系统的框架内，进行责任范围内的质量控制系统设计，使总体框架更清晰、更具体，落到实处。

（2）总目标分解的原则。按照建设标准和工程质量总体目标分解到各个责任主体，明示于合同条件，由各责任主体制订质量计划，确定控制措施和方法。

（3）质量责任制的原则。即贯彻谁实施谁负责、质量与经济利益挂钩的原则。

（4）系统有效性的原则。即做到整体系统和局部系统的组织、人员、资源和措施落实到位。

2. 工程项目质量控制系统的建立程序

（1）确定控制系统各层面组织的工程质量负责人及其管理职责，形成控制系统网络架构。

（2）确定控制系统组织的领导关系、报告审批及信息流转程序。

（3）制定质量控制工作制度，包括质量控制例会制度、协调制度、验收制度和质量责任制度等。

（4）部署各质量主体编制相关质量计划，并按规定程序完成质量计划的审批，形成质量控制依据。

（5）研究并确定控制系统内部质量职能交叉衔接的界面划分和管理方式。

（三）建设工程项目质量控制系统的运行

1. 控制系统运行的动力机制

工程项目质量控制系统的活力在于它的运行机制，而运行机制的核心是动力机制，动力机制来源于利益机制。建设工程项目的实施过程是由多主体参与的价值增值链，因此，只有保持合理的供方及分供方关系，才能形成质量控制系统的动力机制，这一点对业主和总承包方是同样重要的。

2. 控制系统运行的约束机制

没有约束机制的控制系统是无法使工程质量处于受控状态的，约束机制取决于自我约束能力和外部监控效力，前者指质量责任主体和质量活动主体，即组织及个人的经营理念、质量意识、职业道德及技术能力的发挥；后者指来自实施主体外部的推动和检查监督。因此，加强项目管理文化建设对于增强工程项目质量控制系统的运行机制是不可忽视的。

3. 控制系统运行的反馈机制

运行的状态和结果的信息反馈，是进行系统控制能力评价，并为及时做出处置提供决策依据，因此，必须保持质量信息的及时和准确，同时提倡质量管理者深入生产一线，掌握第一手资料。

4. 控制系统运行的基本方式

在建设工程项目实施的各个阶段、不同层面、不同范围和不同主体间，应用 PDCA 循环原理，即计划、实施、检查和处置的方式展开控制，同时必须注重抓好控制点的设置，加强重点控制和例外控制。

三、建设工程项目施工质量控制和验收的方法

（一）施工质量控制的目标

（1）施工质量控制的总体目标是贯彻执行建设工程质量法规和强制性标准，正确配置施工生产要素和采用科学管理的方法，实现工程项目预期的使用功能和质量标准。这是建设工程参与各方的共同责任。

（2）建设单位的质量控制目标是通过施工：全过程的全面质量监督管理、协调和决

策，保证竣工项目达到投资决策所确定的质量标准。

（3）设计单位在施工阶段的质量控制目标，是通过对施工质量的验收签证、设计变更控制及纠正施工中所发现的设计问题，采纳变更设计的合理化建议等，保证竣工项目的各项施工结果与设计文件（包括变更文件）所规定的标准相一致。

（4）施工单位的质量控制目标是通过施工全过程的全面质量自控，保证交付满足施工合同及设计文件所规定的质量标准（含工程质量创优要求）的建设工程产品。

（5）监理单位在施工阶段的质量控制目标是通过审核施工质量文件、报告报表及现场旁站检查、平行检验、施工指令和结算支付控制等手段的应用，监控施工承包单位的质量活动行为，协调施工关系，正确履行工程质量的监督责任，以保证工程质量达到施工合同和设计文件所规定的质量标准。

（二）施工质量控制的过程

（1）施工质量控制的过程包括施工准备质量控制、施工过程质量控制和施工验收质量控制。

施工准备质量控制是指工程项目开工前的全面施工准备和施工过程中各分部分项工程施工作业前的施工准备（或称施工作业准备）。此外，还包括季节性的特殊施工准备。施工准备质量虽然属于工作质量范畴，但是它对建设工程产品质量的形成能产生重要的影响。

施工过程的质量控制是指施工作业技术活动的投入与产出过程的质量控制，其内涵包括全过程施工生产以及其中各分部分项工程的施工作业过程。

施工验收质量控制是指对已完工程验收时的质量控制，即工程产品的质量控制，包括隐蔽工程验收、检验批验收、分项工程验收、分部工程验收、单位工程验收和整个建设工程项目竣工验收过程的质量控制。

（2）施工质量控制过程既有施工承包方的质量控制职能，也有业主方、设计方、监理方、供应方及政府的工程质量监督部门的控制职能，他们具有各自不同的地位、责任和作用。

自控主体。施工承包方和供应方在施工阶段是质量自控主体，不能因为监控主体的存在和监控责任的实施而减轻或免除其质量责任。

监控主体。业主、监理、设计单位及政府的工程质量监督部门，在施工阶段是依据法律和合同对自控主体的质量行为和效果实施监督控制的。

自控主体和监控主体在施工全过程中相互依存、各司其职，共同推动着施工质量控制过程的发展和最终工程质量目标的实现。

（3）施工方作为工程施工质量的自控主体，既要遵循本企业质量管理体系的要求，也要根据其在所承建工程项目质量控制系统中的地位和责任，通过具体项目质量计划的编制与实施，有效地实现自主控制的目标。一般情况下，对施工承包企业而言，无论工程项目的功能类型、结构形式及复杂程度存在着怎样的差异，其施工质量控制过程都可归纳为以下相互作用的八个环节：

（1）工程调研和项目承接。全面了解工程的情况和特点，掌握承包合同中工程质量控制的合同条件。

（2）施工准备，如图纸会审、施工组织设计、施工力量设备的配置等。

（3）材料采购。

（4）施工生产。

（5）试验与检验。

（6）工程功能检测。

（7）竣工验收。

（8）质量回访及保修。

（三）施工质量计划的编制

（1）质量计划是质量管理体系文件的组成内容。

在合同环境下质量计划是企业向顾客表明质量管理方针、目标及其具体实现的方法、手段和措施，体现企业对质量责任的承诺和实施的具体步骤。

（2）施工质量计划的编制主体是施工承包企业。在总承包的情况下，分包企业的施工质量计划是总包施工质量计划的组成部分。总包有责任对分包施工质量计划的编制进行指导和审核，并承担施工质量的连带责任。

（3）根据建筑工程生产施工的特点，目前我国工程项目施工的质量计划常用施工组织设计或施工项目管理实施规划的文件形式进行编制。

（4）在已经建立质量管理体系的情况下，质量计划的内容必须全面体现和落实企业质量管理体系文件的要求（也可引用质量体系文件中的相关条文），同时结合本工程的特点，在质量计划中编写专项管理要求。施工质量计划的内容一般应包括：工程特点及施工条件分析（合同条件、法规条件和现场条件），履行施工承包合同所必须达到的工程质量总目标及其分解目标，质量管理组织机构、人员及资源配置计划，为确保工程质量所采取的施工技术方案、施工程序，材料设备质量管理及控制措施，工程检测项目计划及方法等。

（5）施工质量控制点的设置是施工质量计划的组成内容。质量控制点是施工质量控制的重点，凡属关键技术、重要部位、控制难度大、影响大、经验欠缺的施工内容以及新材料、新技术、新工艺、新设备等，均可列为质量控制点实施重点控制。

施工质量控制点设置的具体方法是，根据工程项目施工管理的基本程序，结合项目特点，在制订项目总体质量计划后，列出各基本施工过程对局部和总体质量水平有影响的项目，作为具体实施的质量控制点。如：在高层建筑施工质量管理中，可列出地基处理、工程测量、设备采购、大体积混凝土施工及有关分部分项工程中必须进行重点控制的专题等，作为质量控制重点；在工程功能检测的控制程序中，可设立建（构）筑物防雷检测、消防系统调试检测、通风设备系统调试等专项质量控制点。

通过质量控制点的设定，质量控制的目标及工作重点就能更加明晰，加强事前预控的方向也就更加明确。事前预控包括明确控制目标参数、制定实施规程（包括施工操作规程及检测评定标准）、确定检查项目数量及跟踪检查或批量检查方法、明确检查结果的判断标准及信息反馈要求。

施工质量控制点的管理应该是动态的，一般情况下在工程开工前、设计交底和图纸会审时，可确定一批项目的质量控制点，随着工程的展开、施工条件的变化，随时或定期进行控制点范围的调整和更新，始终保持重点跟踪的控制状态。

（6）施工质量计划编制完毕，应经企业技术领导审核批准，并按施工承包合同的约定提交工程监理或建设单位批准确认后执行。

（四）施工生产要素的质量控制

1. 影响施工质量的五大要素

劳动主体——人员素质，即作业者、管理者的素质及其组织效果。

劳动对象——材料、半成品、工程用品、设备等的质量。

劳动方法——采取的施工工艺及技术措施的水平。

劳动手段——工具、模具、施工机械、设备等条件。

施工环境——现场水文、地质、气象等自然环境，通风、照明、安全等作业环境以及协调配合的管理环境。

2. 劳动主体的控制

劳动主体的质量包括参与工程各类人员的生产技能、文化素养、生理体能、心理行为等方面的个体素质及经过合理组织充分发挥其潜在能力的群体素质。因此，企业应通过择优录用、加强思想教育及技能方面的教育培训，合理组织、严格考核，并辅以必要的激励机制，使企业员工的潜在能力得到最好的组合和充分发挥，从而保证劳动主体在质量控制系统中发挥主体自控作用。

施工企业控制必须坚持对所选派的项目领导者、组织者进行质量意识教育和组织管理能力训练，坚持对分包商的资质考核和施工人员的资格考核，坚持各工种按规定持证上岗制度。

3. 劳动对象的控制

原材料、半成品、设备是构成工程实体的基础，其质量是工程项目实体质量的组成部分。

因此，加强原材料、半成品及设备的质量控制，不仅是提高工程质量的必要条件，也是实现工程项目投资目标和进度目标的前提。

对原材料、半成品及设备进行质量控制的主要内容为：控制材料设备性能、标准与设计文件相符性，控制材料设备各项技术性能指标、检验测试指标与标准要求的相符性，控制材料设备进场验收程序及质量文件资料的齐全程度等。

施工企业应在施工过程中贯彻执行企业质量程序文件中明确规定的材料设备在封样、采购、进场检验、抽样检测及质保资料提交等一系列控制标准。

4. 施工工艺的控制

施工工艺的先进合理是直接影响工程质量、工程进度及工程造价的关键因素，施工工艺的合理、可靠还直接影响工程施工安全。因此，在工程项目质量控制系统中，制定和采用先进合理的施工工艺是工程质量控制的重要环节。对施工方案的质量控制主要包括以下内容：

（1）全面正确地分析工程特征、技术关键及环境条件等资料，明确质量目标、验收标准、控制的重点和难点。

（2）制订合理有效的施工技术方案和组织方案，前者包括施工工艺、施工方法；后者包括施工区段划分、施工流向及劳动组织等。

（3）合理选用施工机械设备和施工临时设施，合理布置施工总平面图和各阶段施工平面图。

（4）选用和设计保证质量和安全的模具、脚手架等施工设备。

（5）编制工程所采用的新技术、新工艺、新材料的专项技术方案和质量管理方案。

为确保工程质量，还应针对工程的具体情况，编写气象地质等环境不利因素对施工的影响及其应对措施。

5. 施工设备的控制

对施工所用的机械设备，包括起重设备、各项加工机械、专项技术设备、检查测量仪表设备及人货两用电梯等，应根据工程需要从设备选型、主要性能参数及使用操作要求等方面加以控制。

对施工方案中选用的模板、脚手架等施工设备，除按适用的标准定型选用外，一般须按设计及施工要求进行专项设计，对其设计方案、制作质量和验收应作为重点进行控制。按现行施工管理制度要求，工程所用的施工机械、模板、脚手架，特别是危险性较大的现场安装的起重机械设备，不仅要对其设计安装方案进行审批，而且安装完毕交付使用前必须经专业管理部门验收合格后方可使用。同时，在使用过程中尚须落实相应的管理制度，以确保其安全正常使用。

6. 施工环境的控制

环境因素主要包括地质水文状况、气象变化、其他不可抗力因素，以及施工现场的通风、照明、安全卫生防护设施等劳动作业环境等内容。环境因素对工程施工的影响一般难以避免。要消除其对施工质量的不利影响，主要是采取预测预防的控制方法。

对地质水文等方面影响因素的控制，应根据设计要求，分析基地地质资料，预测不利因素，并会同设计等部门采取相应的措施，如降水、排水、加固等技术控制方案。

对天气气象方面的不利条件，应制订专项施工方案，明确施工措施，落实人员、器材等以备紧急应对，从而控制其对施工质量的不利影响。

因环境因素造成的施工中断，往往也会对工程质量造成不利影响，必须通过加强管理、调整计划等措施加以控制。

（五）施工作业过程的质量控制

建设工程施工项目是由一系列相互关联、相互制约的作业过程（工序）所构成，控制工程项目施工过程的质量，必须控制全部作业过程，即各道工序的施工质量。

1. 施工作业过程质量控制的基本程序

（1）进行作业技术交底，包括作业技术要领、质量标准、施工依据、与前后工序的关系等。

（2）检查施工工序、程序的合理性、科学性，防止工序流程错误而导致工序质量失控。检查内容包括施工总体流程和具体施工作业的先后顺序，在正常的情况下，要坚持先准备后施工、先深后浅、先土建后安装、先验收后交工等。

（3）检查工序施工条件，即每道工序投入的材料，使用的工具、设备，操作工艺及环境条件等是否符合施工组织设计的要求。

（4）检查工序施工中人员操作程序、操作质量是否符合质量规程要求。

（5）检查工序施工中产品的质量，即工序质量、分项工程质量。

（6）对工序质量符合要求的中间产品（分项工程）及时进行工序验收或隐蔽工程验收。

（7）质量合格的工序经验收后可进入下道工序施工，未经验收合格的工序不得进入下道工序施工。

2. 施工工序质量控制要求

工序质量是施工质量的基础，工序质量也是施工顺利进行的关键。为达到对工序质量控制的效果，在工序管理方面应做到：

（1）贯彻预防为主的基本要求，设置工序质量检查点，把材料质量状况、工具设备状况、施工程序、关键操作、安全条件、新材料新工艺应用、常见质量通病，甚至包括操作者的行为等影响因素列为控制点作为重点检查项目进行预控。

（2）落实工序操作质量巡查、抽查及重要部位跟踪检查等方法，及时掌握施工质量总体状况。

（3）对工序产品、分项工程的检查应按标准要求进行目测、实测及抽样试验的程序，做好原始记录，经数据分析后，及时做出合格及不合格的判断。

（4）对合格的工序产品应及时提交监理进行隐蔽工程验收。

（5）完善管理过程的各项检查记录、检测资料及验收资料，作为工程质量验收的依据，并为工程质量分析提供可追溯的依据。

（六）施工质量验收的方法

（1）建设工程质量验收是对已完工的工程实体的外观质量及内在质量按规定程序检查后，确认其是否符合设计及各项验收标准的要求，作为建设工程是否可交付使用的一个重要环节。正确地进行工程项目质量的检查评定和验收，是保证工程质量的重要手段。

鉴于建设工程施工规模较大、专业分工较多、技术安全要求高等特点，国家相关行政管理部门对各类工程项目的质量验收标准制定了相应的规范，以保证工程验收的质量，工程验收应严格执行规范的要求和标准。

（2）工程质量验收分为过程验收和竣工验收，其程序及组织包括：

①施工过程中，隐蔽工程在隐蔽前通知建设单位（或工程监理）进行验收，并形成验收文件。

②分部分项工程完成后，应在施工单位自行验收合格后，通知建设单位（或工程监理）验收，重要的分部分项工程应请设计单位参加验收。

③单位工程完工后，施工单位应自行组织检查、评定，符合验收标准后，向建设单位提交验收申请。

④建设单位收到验收申请后，应组织施工、勘察、设计、监理单位等方面的人员进行单位工程验收，明确验收结果，并形成验收报告。

⑤按国家现行管理制度，房屋建筑工程及市政基础设施工程验收合格后，还须在规定时间内，将验收文件报政府管理部门备案。

（3）建设工程施工质量验收要求：

①工程质量验收均应在施工单位自行检查评定的基础上进行。

②参加工程施工质量验收的各方人员，应该具有规定的资格。

③建设项目的施工，应符合工程勘察、设计文件的要求。

④隐蔽工程应在隐蔽前由施工单位通知有关单位进行验收，并形成验收文件。

⑤单位工程施工质量应该符合相关验收规范的标准。

⑥涉及结构安全的材料及施工内容，应有按照规定对材料及施工内容进行见证取样检测的资料。

⑦对涉及结构安全和使用功能的重要部分工程、专业工程应进行功能性抽样检测。

⑧工程外观质量应由验收人员通过现场检查后共同确认。

（4）建设工程施工质量检查评定验收的基本内容及方法：

①分部分项工程内容的抽样检查。

②施工质量保证资料的检查，包括施工全过程的技术质量管理资料，其中又以原材料、施工检测、测量复核及功能性试验资料为重点检查内容。

③工程外观质量的检查。

（5）工程质量不符合要求时，应按以下规定进行处理：

①经返工或更换设备的工程，应该重新检查验收。

②经有资质的检测单位检测鉴定，能达到设计要求的工程应予以验收。

③经返修或加固处理的工程，虽局部尺寸等不符合设计要求，但仍然能满足使用要求的，可按技术处理方案和协商文件进行验收。

④经返修和加固后仍不能满足使用要求的工程严禁验收。

四、建设工程项目设计质量控制的内容和方法

（一）建设工程项目设计质量控制的内容

1. 正确贯彻执行国家建设法律法规和各项技术标准，其内容主要是：

（1）有关城市规划、建设批准用地、环境保护、三废治理及建筑工程质量监督等方面的法律、行政法规及各地方政府、专业管理机构发布的法规规定。

（2）有关工程技术标准、设计规范、规程、工程质量检验评定标准，有关工程造价方面的规定文件等。其中要特别注意对国家及地方强制性规范的执行。

（3）经批准的工程项目的可行性研究、立项批准文件及设计纲要等文件。

（4）勘察单位提供的勘察成果文件。

2. 保证设计方案的技术经济合理性、先进性和实用性，满足业主提出的各项功能要求，控制工程造价，达到项目技术计划的要求。

3. 设计文件应符合国家规定的设计深度要求，并注明工程合理使用年限。设计文件中选用的建筑材料、构配件和设备，应当注明规格、型号、性能等技术指标，其质量必须符合国家规定的标准。

4. 设计图纸必须按规定具有国家批准的出图印章及建筑师、结构工程师的执业印章，并按规定经过有效的审图程序。

（二）建设工程项目设计质量控制的方法

1. 根据项目建设要求和有关批文、资料，组织设计招标及设计方案竞赛。通过对设计单位编制的设计大纲或方案竞赛文件的比较，优选设计方案及设计单位。

2. 对勘察、设计单位的资质业绩进行审查，优选勘察、设计单位，签订勘察设计合同，并在合同中明确有关设计范围、要求、依据及设计文件深度和有效性要求。

3. 根据建设单位对设计功能、等级等方面的要求，根据国家有关建设法规、标准的要求及建设项目环境条件等方面的情况，控制设计输入，做好建筑设计、专业设计、总体设计等不同工种的协调，保证设计成果的质量。

4. 控制各阶段的设计深度，并按规定组织设计评审，按法规要求对设计文件进行审批（如对扩初设计、设计概算、有关专业设计等），保证各阶段设计符合项目策划阶段提出的质量要求，提交的施工图满足施工的要求，工程造价符合投资计划的要求。

5. 组织施工图图纸会审，吸收建设单位、施工单位、监理单位等方面对图纸问题提

出的意见，以保证施工顺利进行。

6. 落实设计变更审核，控制设计变更质量，确保设计变更不导致设计质量的下降；并按规定在工程竣工验收阶段，在对全部变更文件、设计图纸校对及施工质量检查的基础上出具质量检查报告，确认设计质量及工程质量满足设计要求。

第三节 建筑工程项目进度控制

一、施工项目进度控制概述

（一） 施工项目进度控制概念

项目进度控制应以实现施工合同约定的竣工日期为最终目标，即必须在合同规定的期限内把建筑工程交付给业主（建设单位）。

一般来说，项目施工应分期分批竣工，这样，施工合同可能约定几个分期分批竣工工程的竣工日期。这个日期是发包人的要求，是不能随意改变的，发包人和承包人任何一方改变这个日期，都会引起索赔。因此，项目管理者应以合同约定的竣工日期指导控制行动。

（二） 施工项目进度计划的分类

1. 按编制对象分

（1） 施工进度总控制计划

施工进度总控制计划是施工总体方案在时间序列上的反映。工业建设项目或民用建筑群，在施工组织总设计阶段编制的施工总进度计划，一般是属于概略的控制性进度计划，用以确定各主要工程项目的施工起止日期，综合平衡各施工阶段建筑工程的工程量和投资分配。

（2） 单位工程施工进度控制计划

单位工程施工进度计划以施工方案为基础，根据规定工期和技术物资的供应条件，遵循各施工过程合理的工艺顺序，统筹安排各项施工活动进行编制。它的任务是为各施工过程指明确定的施工日期，即时间计划，并以此为依据确定施工作业所必需的劳动力和各种技术物资的供应计划。

2. 按施工时间分

（1） 年度施工进度控制计划

（2）季度施工进度控制计划

（3）月度施工进度控制计划

（4）旬施工进度控制计划

（5）周施工进度控制计划

3. 施工进度控制计划的内容

（1）施工总进度计划的内容

①编制说明。主要包括编制依据、步骤、内容。

②施工进度总计划表的两种形式：一种为横道图，另一种为网络图。

③分期分批施工工程的开、竣工日期及工期一览表。

④资源供应平衡表。为满足进度控制而需要的资源供应计划。

（2）单位工程施工进度计划的内容

①编制说明。主要包括编制依据、步骤、内容和方法。

②进度计划图。

③单位工程施工进度计划的风险分析及控制措施。单位工程施工进度计划的风险分析及控制措施指施工进度计划由于其他不可预见的因素，如工程变更、自然条件和拖欠工程款等原因无法按计划完成时而采取的措施。

（三）施工项目进度控制的作用

根据施工合同明确开工、竣工日期和总工期，并以施工项目进度总目标确定各分项工程的开、竣工日期。

各部门计划都要以进度控制计划为中心安排工作。计划部门提出月、旬计划，劳动力计划，材料部门实验材料、构件，动力部门安排机具，技术部门制定施工组织与安排等均以施工项目进度控制计划为基础。

施工项目控制计划的调整。由于主客观原因或者环境原因出现不必要的提前或延误的偏差时，要及时调整纠正，并预测未来的进度状况，使工程按期完工。

总结经验教训。工程完工后要及时提供总结报告，通过报告总结控制进度的经验方法，对存在的问题进行分析并提出改进意见，以利于以后的工作。

二、施工项目进度计划的编制

（一）施工项目进度计划的编制依据

1. 施工项目总进度计划的编制依据

（1）施工合同

施工合同包括合同工期、分期分批工期的开竣工日期，有关工期提前或延误调整的约定等。

（2）施工进度目标

除合同约定的施工进度目标外，承包商可能有自己的施工进度目标，用以指导施工进度计划的编制。

（3）工期定额

工期定额作为一种行业标准，是在许多过去工程资料统计的基础上得到的。

（4）有关技术经济资料

有关技术经济资料包括施工地质、环境等资料。

（5）施工部署与主要工程施工方案

施工项目进度计划是在施工方案确定后编制的。

（6）其他资料

类似工程的进度计划。

2. 单位工程进度计划的编制依据

（1）项目管理目标责任

在《项目管理目标责任书》中明确规定了项目进度目标。这个目标既不是合同目标，又不是定额工期，而是项目管理的责任目标，不但有工期，而且有开工时间和竣工时间。项目管理目标责任书中对进度的要求，是编制单位工程施工进度计划的依据。

（2）施工总进度计划

单位工程施工进度计划必须执行施工总进度计划中所要求的开、竣工时间，符合工期安排。

（3）施工方案

施工方案对施工进度计划有决定性作用。施工顺序就是施工进度计划的施工顺序，施工方法直接影响施工进度。机械设备既影响所涉及的项目的持续时间、施工顺序，又影响总工期。

（4）主要材料和设备的供应能力

施工进度计划编制的过程中，必须考虑主要材料和机械设备的能力。一旦进度确定，则供应能力必须满足进度的需要。

（5）施工人员的技术素质及劳动效率

施工人员的技术素质高低，影响着速度和质量，技术素质必须满足规定要求。

（6）施工现场条件

气候条件，环境条件。

（二）施工项目进度计划的编制步骤

1. 施工总进度计划的编制步骤

（1）确定进度控制目标

根据施工合同确定单位工程的先后施工顺序和开、竣工日期及工期。应在充分调查研究的基础上，确定一个既能实现合同工期，又可实现指令工期，比这两种工期更积极可靠（更短）的工期作为编制施工总进度计划，从而确定作为进度控制目标的工期。

（2）计算工程量

首先根据建设项目的特点划分项目。项目划分不宜过多，应突出主要项目，一些附属、辅助工程可以合并，然后估算各主要项目的实物工程量。

（3）确定各单位工程的施工期限和开、竣工日期

影响单位施工期限的因素很多，主要有：建筑类型、结构特征和工程规模，施工方法、施工管理水平，劳动力和材料供应情况以及施工现场的地形、地质条件等。因此，各单位工程的工期按合同约定的工期，并根据现场的具体情况，综合考虑后再确定。

（4）安排各单位工程的搭接关系

在确定了各主要单位工程的工期期限之后，就可以进一步安排各单位工程的搭接施工时间。在解决这一问题时，一方面要根据施工部署中的计划工期及施工条件；另一方面要尽量使主要工种的工人基本上连续、均衡地施工。在具体安排时应着重考虑以下几点：

①根据（合同约定）使用要求和施工可能，分期分批地安排施工，明确每个单位工程的竣工时间。

②对于施工难度较大、施工工期较长的，应尽量先安排施工。

③同一时期的开工项目不应过多。

④每个施工项目的施工准备、土建施工、设备安装和试生产的时间要合理衔接。

⑤土建工程中的主要分部分项工程和设备安装工程实行连续、均衡地流水施工。

（5）编制施工进度计划

根据各施工项目的工期与搭接时间，编制初步进度计划；按照流水施工与综合平衡的要求，调整进度计划，最后编制施工总进度计划。

2. 单位工程进度计划的编制步骤

（1）研究施工图和有关资料并调查施工条件

认真研究施工图、施工组织总设计对单位工程进度计划的要求。

（2）施工过程划分

施工过程的多少、粗细程度根据工程不同而有所不同，宜粗不宜细。

①施工过程的粗细程度。为使进度计划能简明清晰、便于掌握，原则上应在可能条件下尽量减少施工过程的数目。分项越细，则项目越多，就会显得越繁杂，所以，施工过程划分的粗细要根据施工任务的具体情况来确定。原则上应尽量减少项目数量，能够合并的项目尽可能地予以合并。

②施工过程项目应与施工方法一致。施工过程项目的划分，应结合施工方法来考虑，以保证进度计划表能够完全符合施工进展的实际情况，真正起到指导施工的作用。

（3）编排合理的施工顺序

施工顺序是在施工方案中确定的施工流向和施工程序的基础上，按照所选施工方法和施工机械的要求确定的。

确定施工顺序是为了按照施工的技术规律和合理的组织关系，解决各项目之间在时间上的先后顺序和搭接关系，以期做到保证质量、安全施工、充分利用空间、争取时间、实现合理安排工期的目的。

工业与民用建筑的施工顺序不同。在设计施工顺序时，必须根据工程的特点、技术和组织上的要求以及施工方案等进行研究，不能拘泥于某种僵化的顺序。

（4）计算各施工过程的工程量与定额

施工过程确定之后，根据施工图纸及有关工程量计算规则，按照施工顺序的排列，分别计算各个施工过程的工程量。

在计算工程量时，应注意施工方法，不管采用何种施工方法，计算出的工程量应该是一样。

在采用分层分段流水施工时，工程量也应按分层分段分别加以计算，以保证与施工实际吻合，有利于施工进度计划的编制。

工程量的计算单位应与劳动定额中的同一项目的单位一致，避免工程量计算后在套用定额时，又要重复计算。

如已有施工图预算，则在编制施工进度计划时不必计算，直接从施工图预算中选取，但是，要注意根据施工方法的需要，按施工实际情况加以修订和调整。

（5）确定劳动力和机械需要量及持续时间

计算劳动量和机械台班需要量时，应根据现行劳动定额，并考虑当地实际施工水平，预测超额完成任务的可能性。

施工项目工作持续时间的计算方法一般有经验估计法、定额计算法和倒排计划法。

（6）编排施工进度计划

编制进度计划应优先使用网络计划图，也可使用横道计划图。

（7）编制劳动力和物资计划

有了施进度计划以后，还需要编制劳动力和物资需要量计划，附于施工进度计划之后。这样，就更具体、更明确地反映出完成该进度计划所必须具备的基本条件，便于领导掌握情况，统一平衡、保证及时调配，以满足施工任务的实际需要。

三、施工项目进度计划的实施

（一）施工进度计划的实施

实施施工进度计划，要做好三项工作，即编制年、季、月、旬、周进度计划和施工任务书，通过班组实施；记录现场实际情况；调整控制进度计划。

1. 编制季、月、旬、周作业计划和施工任务书

施工组织设计中编制的施工进度计划，是按整个项目（或单位工程）编制的，也带有一定的控制性，但还不能满足施工作业的要求。实际作业时是按季、月、旬、周作业计划和施工任务书执行的。

作业计划除依据施工进度计划编制外，还应依据现场情况及季、月、旬、周的具体要求编制。计划以贯彻施工进度计划、明确当期任务及满足作业要求为前提。

施工任务书是一份计划文件，也是一份核算文件，又是原始记录。它把作业计划下达到班组，并将计划执行与技术管理、质量管理、成本核算、原始记录、资源管理等融合为一体。

施工任务书一般由工长以计划要求、工程数量、定额标准、工艺标准、技术要求、质量标准、节约措施、安全措施等为依据进行编制。

任务书下达班组时，由工长进行交底。交底内容为：交任务、交操作规程、交施工方法、交质量、交安全、交定额、交节约措施、交材料使用、交施工计划、交奖罚要求等，做到任务明确，报酬预知，责任到人。

施工班组接到任务书后，应做好分工，执行中要保质量、保进度、保安全、保节约、保工效高。任务完成后，班组自检，在确认已经完成后，向工长报请验收。工长验收时查数量、查质量、查安全、查用工、查节约，然后回收任务书，交作业队登记结算。

2. 做好施工记录、掌握现场施工的实际情况

在施工过程中，如实记载每项工作的开始日期、工作进程和完成日期，记录每日完成数量、施工现场发生的情况、干扰因素的排除情况，可为计划实施的检查、分析、调整、总结提供原始资料。

3. 落实跟踪控制进度计划

检查作业计划执行中的问题，找出原因，并采取措施解决；督促供应单位按进度要求供应资料；控制施工现场临时设施的使用；按计划进行作业条件准备；传达决策人员的决策意图。

（二）施工进度计划的检查

1. 检查方法

施工进度的检查与进度计划的执行是融合在一起的。计划检查是对计划执行情况的总结，是施工进度调整和分析的依据。

进度计划的检查方法主要是对比法，即实际进度与计划进度对比，发现偏差，进行调整或修改计划。

（1）用横道计划检查。双线表示计划进度，在计划图上记录的单线表示实际进度。

（2）利用网络计划检查：

①记录实际作业时间。例如，某项工作计划为 8 d，实际进度为 7 d。

②记录工作的开始日期和结束日期。

③标注已完成工作。可以在网络图上用特殊的符号、颜色记录其完成部分，如阴影部分为已完成部分。

2. 检查内容

根据不同需要可进行日检查或定期检查。检查的内容包括：

（1）检查期内实际完成和累计完成工程量。

（2）实际参加施工的人力、机械数量与计划数。

（3）窝工人数、窝工机械台班数及其原因分析。

（4）进度偏差情况。

（5）进度管理情况。

（6）影响进度的原因及分析。

3. 检查报告

通过进度计划检查，项目经理部应向企业提交月度施工进度计划执行情况检查报告。其内容包括：

（1）进度执行情况综合描述。

（2）实际施工进程图。

（3）工程变更对进度的影响。

（4）进度偏差的状况与导致偏差的原因分析。

（5）解决问题的措施。

（6）计划调整意见。

（三）施工进度计划的调整

1. 调整内容

调整上述六项中之一项或多项，还可以将几项结合起来调整，例如，将工期与资源、工期与成本、工期资源及成本结合起来调整，只要能达到预期目标，调整越少越好。

2. 关键线路长度的调整方法

当关键线路的实际长度比计划长度提前时，首先要确定是否对原计划工期予以缩短。如果不缩短，可以利用这个机会降低资源强度或费用，方法是选择后续关键工作中资源占用量大的或直接费用高的予以延长，延长的长度不应超过已完成的关键工作提前的时间量。当关键线路的实际进度计划比计划进度落后时，计划调整的任务是采取措施把失去的时间抢回来。

3. 非关键路线时差的调整

时差调整的目的是更充分地利用资源，降低成本，满足施工需要，时差调整的幅度不得大于计划总时差。

4. 增减工作项目

增减工作项目均不应打乱原网络计划总的逻辑关系。由于增减工作项目，只能改变局部的逻辑关系，此局部改变不影响总的逻辑关系。增加工作项目，只是对原遗漏或不具体的逻辑关系进行补充；减少工作项目，只是对提前完成了的工作项目或原不应设置而设置了的工作项目予以删除。只有这样才是真正调整而不是"重编"。增减工作项目之后需重新计算时间参数。

5. 逻辑关系调整

施工方法或组织方法改变之后，逻辑关系也应调整。

6. 持续时间调整

原计划有误或实现条件不充分时，方可调整。调整的方法是更新估算。

7. 资源调整

资源调整应在资源供应发生异常时进行。所谓异常，即因供应满足不了需要（中断或强度降低），影响了计划工期的实现。

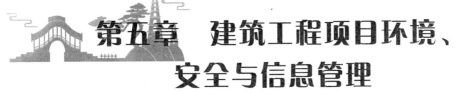

第五章 建筑工程项目环境、安全与信息管理

第一节 建筑工程项目环境管理

一、建筑工程施工现场环境管理

（一）环境管理

1. 环境管理的概念

环境管理是运用计划、组织、协调、控制、监督等手段，为达到预期环境目标而进行的一项综合性活动。《中华人民共和国环境保护法》规定，国务院环境保护行政主管部门对全国环境保护工作实施统一监督管理。由于环境管理的内容涉及土壤、水、大气、生物等各种环境因素，环境管理的领域涉及经济、社会、政治、自然、科学技术等方面，环境管理的范围涉及国家的各个部门，所以环境管理具有高度的综合性。

2. 环境管理的目的

环境管理的目的是解决环境污染和生态破坏所造成的各类环境问题，保证区域的环境安全，实现区域社会的可持续发展。具体来说，就是创建一种新的生产方式、新的消费方式、新的社会行为规则和新的发展方式。

依据这一目的，环境管理的基本任务就是：转变人类社会的一系列基本观念和调整人类社会的行为，促进整个人类社会的可持续发展。

人是各种行为的实施主体，是产生各种环境问题的根源。因此，环境管理的实质是影响人的行为，只有解决人的问题，从自然、经济、社会三种基本行为入手开展环境管理，环境问题才能得到有效解决。

3. 环境管理的内容

（1）从环境管理的范围来划分

①资源环境管理

资源环境管理是指依据国家资源政策，以资源的合理开发和持续利用为目的，以实现可再生资源的恢复和扩大再生产、不可再生资源的节约利用和替代资源的开发为内容的环境管理。资源管理的目标是在经济发展过程中，合理使用自然资源从而优化选择。

②区域环境管理

区域环境管理是以行政区划分为归属边界、以特定区域为管理对象、以解决该区域内环境问题为内容的一种环境管理。

③部门环境管理

部门环境管理是以具体的单位和部门为管理对象、以解决该单位或部门内的环境问题为内容的一种环境管理。

（2）从环境管理的性质来划分

①环境规划与计划管理

环境规划与计划管理是依据规划计划而开展的环境管理。这是一种超前的主动管理。其主要内容包括：制订环境规划，对环境规划的实施情况进行检查和监督。

②环境质量管理

环境质量管理是一种以环境标准为依据、以改善环境质量为目标、以环境质量评价和环境监测为内容的环境管理。它是一种标准化的管理，包括环境调查、监测、研究、信息、交流、检查和评价等内容。

③环境技术管理

环境技术管理是一种通过制定环境技术政策、技术标准和技术规程，以调整产业结构、规范企业的生产行为、促进企业的技术改革与创新为内容，以协调技术经济发展与环境保护关系为目的的环境管理。它包括环境法规标准的不断完善、环境监测与信息管理系统的建立、环境科技支撑能力的建设、环境教育的深化与普及、国际环境科技的交流与合作等。环境技术管理要求有比较强的程序性、规范性、严肃性和可操作性。

（二）建筑施工现场的环境保护

1. 建筑施工现场的环境保护及其意义

施工现场的环境保护是按照法律法规，控制现场的各种粉尘、废水、废气、固体废弃物、噪声、振动等对环境的污染和危害。施工现场环境保护是现代化大生产的客观要求，能保证施工的顺利进行，保证人民身体健康和社会文明，节约能源，保护人类生存环境，保证社会和企业可持续发展，是一项利国利民的重要工作。

2. 施工现场的环境保护措施

（1）实行环保目标责任制

实行环保目标责任制，把环保指标以责任书的形式层层分解到有关单位和个人，列入承包合同和岗位责任制，建立一个环保监控体系。项目经理是环保工作的第一责任人，是施工现场环境保护自我监控体系的领导者和责任者，要把环保政绩作为考核项目经理的一项重要内容。

（2）加强检查和监控工作

要加强对施工现场粉尘、噪声、废气的检查、监测和控制工作；要与文明施工现场管理一起检查、考核、奖罚；要及时采取措施消除粉尘、废气和污水的污染。

（3）保护和改善施工现场的环境

一方面，施工单位要采取有效措施控制人为噪声、粉尘的污染和采取措施控制烟尘、污水、噪声污染；另一方面，建设单位应该负责协调外部关系，同当地居委会、村委会、办事处、派出所、居民、施工单位、环保部门加强联系。要做好宣传教育工作，认真对待来信来访，凡能解决的问题立即解决，一时不能解决的扰民问题，也要说明具体情况，求得谅解并限期解决。

（4）严格执行国家法律法规

要有技术措施，严格执行国家法律法规。在编制施工组织设计时，必须有环境保护的技术措施。在施工现场平面布置和组织、施工过程中都要执行国家、地区、行业和企业有关防治空气污染、水源污染、噪声污染等的法律法规和规章制度。

（5）防止水、气、声、渣等的污染

环境保护的重点是防止水、气、声、渣的污染，但还应结合现场情况，注意其他污染，如光污染、恶臭污染等。

①防止大气污染

大气污染物包括气体状态污染物，如二氧化硫、氮氧化合物、一氧化碳、苯、苯酚、汽油等，以及粒子状态污染物，如降尘和飘尘。飘尘又称为可吸入颗粒物，易随呼吸进入人体肺部，危害人体健康。工程施工地对大气产生的主要污染物有锅炉、熔化炉、厨房烧煤产生的烟尘；建材破碎、筛分、碾磨、加料过程和装卸运输过程中产生的粉尘；施工动力机械排放的尾气等。

施工现场空气污染的防治措施如下。

A. 严格控制施工现场和施工运输过程中的降尘和飘尘对周围大气的污染，可采用清扫、洒水、遮盖、密封等措施降低污染。

B. 严格控制有毒有害气体的产生和排放，如禁止随意焚烧油毡、橡胶、塑料、皮革、树叶、枯草、各种包装物等废弃物品，尽量不使用有毒有害的涂料等化学物质。

C. 所有机动车的尾气排放应符合现行国家标准。

②防止水源污染

水体的主要污染源和污染物包括以下几项。

A. 水体污染源

水体污染源包括工业污染源、生活污染源、农业污染源等。

B. 水体的主要污染物

水体的主要污染物包括各种有机和无机有毒物质以及余热等。

C. 施工现场废水和固体废物随水流流入水体的部分，包括泥浆、水泥、油漆、各种油类、混凝土添加剂、有机溶剂、重金属、酸碱盐等。

防止水体污染的措施为：控制污水的排放，改革施工工艺，减少污水的产生，综合利用废水。

③防止噪声污染

噪声按照振动性质可分为气体动力噪声、机械噪声、电磁性噪声。噪声按来源可分为交通噪声（汽车、火车等）、工业噪声（鼓风机、汽轮机等）、建筑施工噪声（打桩机、混凝土搅拌机等）、社会生活噪声（高音喇叭、收音机等）。

噪声控制可从声源、传播途径、接收者防护等方面来考虑。从声源上降低噪声是防止噪声污染的最根本的措施，其具体做法是：尽量采用低噪声设备和工艺代替高噪声设备与工艺，如采用低噪声振捣器、风机、电动空压机、电锯等；在声源处安装消声器消声，即在通风机、鼓风机、压缩机、燃气机、内燃机及各类排气放空装置等进出风管的适当位置设置消声器；严格控制人为噪声。从传播途径上控制噪声的方法主要有吸声、隔声、消声、减振降噪。

④建筑工程施工现场固体废物的处理

固体废物是生产、建设、日常生活和其他活动中产生的固态、半固态废弃物质。固体废物是一个极其复杂的废物体系，按照其化学组成，可分为有机废物和无机废物；按照其对环境和人类健康的危害程度，可以分为一般废物和危险废物。

施工工地上常见的固体废物包括：建筑渣土，废弃的散装建筑材料、生活垃圾，设备、材料等的包装材料，粪便等。

固体废物的主要处理和处置方法有：物理处理，包括压实浓缩、破碎、分选、脱水干燥等；化学处理，包括氧化还原、中和、化学浸出等；生物处理，包括好氧处理、厌氧处理等；热处理，包括焚烧、热解、焙烧、烧结等；固化处理，包括水泥固化法和沥青固化法等；回收利用，包括回收利用和集中处理等资源化、减量化的方法；处置，包括土地填埋、焚烧、储留池储存等。

（三）建筑施工现场的环境管理

1. 建筑施工现场环境污染控制

（1）强化监督管理

施工企业根据 ISO 14000 环境管理标准体系建立环境管理体系，编制程序文件，制定环境保护措施。施工项目部成立以项目经理为首的环境保护小组，以预防为主，全面综合治理，建立施工现场的环境保护体系，将责任落实到施工人员。做好宣传教育工作，提高全员环保意识。

（2）加强技术防治

①限时施工

建筑施工应在工程开工前按照分级管理的权限，向有关部门提出申请，并说明工程项目名称、建筑施工单位名称、建筑施工场地位置、施工期限、可能排放的建筑施工噪声的强度、粉尘量、光污染以及所采取的环保措施等。同时建立环境污染投诉接待制度，明确其接待人员，接待人员对相关方提出的问题进行详细记录，并限定期限给予答复解决。

②采取有效措施，隔音降噪

第一，要根据施工阶段的特点，合理进行现场平面布置，将产生噪声的机械设备尽量布置在距离居民区较远的位置。

第二，开工前完成现场围墙建设，对于敏感部位或有特殊要求的施工，提前包裹降噪安全围帘。

第三，加强对操作人员的环保意识教育，降低模板拆除、物体搬运等作业产生的噪声强度。

第四，木工房、混凝土输送泵等产生强噪声的机械设备应进行全封闭隔声。

第五，选用低噪声混凝土环保振捣棒。

第六，在晚上十点至次日凌晨六点之间任何可以产生噪声污染的机械设备和工序原则上都不得使用和施工，但特殊情况下需要使用时应提前发布安民告示并做好与周围居民的协调工作。

2. 建筑施工现场环境组织措施

对各类施工污染分类采取措施之后，要保证相关的管理措施能够严格执行，并取得相应的环境保护成果，则必须更严格地控制施工现场管理的组织工作。施工现场的组织是环境影响评价中管理专项方案的主要内容，是明确的环境保护指导性文件，便于施工管理监理单位遵循并对日常的施工做出组织协调的任务。具体的组织管理内容如下。

（1）建立施工现场全面的环境控制系统

施工管理的全面控制需要从责任和制度上完善各个体系，施工环境管理工作设置总指挥，负责管理工作的全面统筹，施工的技术方面、人员调控方面、设备的分配方面等面面俱到，要层层分解，安排分工明确，责任到人，人尽其职，出现问题能够及时处理。

施工管理的总指挥可以是项目经理或同等级领导层的相关负责人，这个总指挥必须对施工管理的全方面负责任；施工技术的总工程师要对施工过程中的环境保护相关技术进行统筹管理；接下来一层的技术人员、施工人员、质量检验员、施工安全员以及仓库原料管理员等，都要各尽其责。

为保证环境保护措施能够贯彻实施到位，可以在施工现场设置大气、废水、固体废物、噪声、光污染五个污染防治组，安排五个不同的管理员任组长，对分配负责管理的施工现场进行严格监控。

（2）加强施工现场环境的综合治理

施工过程对环境的保护不仅要设置严格的管理人员，更要将环境保护的观念普及给每一个施工人员。施工单位可以选择使用企业的内部宣传手段，比如宣传栏、施工场地的标语、民工学校等作为思想工作开展的平台，做好施工人员的纪律教育、思想教育、职业道德教育以及法制教育。与此同时，对施工场地的环境保护控制若在采取相应措施之后仍然达不到当地政府对环境控制的水平时，要在施工场地附近的居民区与居（村）委会、相关管理部门、建设主管部门和当地的环保部门进行沟通，提前做好污染防治的准备工作，对待各级领导部门的来信、来访，要积极配合，解决问题，一旦问题解决时出现分歧，要及时进行经济补偿和礼貌的解释工作，在取得周围居民的谅解和支持之后，对相关的施工部门进行整改。

（3）做好施工现场环境管理措施方案编制

在建筑工程施工之前，就要对施工的组织设计进行初步的规划，在规划阶段时就要对施工现场的管理工作有一定的预见，对施工危险性较大的工程建筑段要编制相应的管理专项方案。编制专项管理方案前，要对施工路段周围的地质环境、天气情况、原有环境条件进行详细了解。在编制时，在确保施工顺利进行的前提下，保证施工对周围环境的不良影

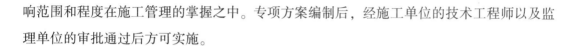

响范围和程度在施工管理的掌握之中。专项方案编制后，经施工单位的技术工程师以及监理单位的审批通过后方可实施。

二、建筑施工人员健康安全管理

（一）环境与职工健康

1. 环境与健康

环境是人类生存的客观条件。环境条件越好，人体健康状况就会越好。通常所说的环境包括自然环境和社会环境两种。自然环境中含有人体所需的各种物质。而社会环境是指在自然环境的基础上，人类通过长期有意识的劳动，创造的物质文化和精神文化的总和，如风俗习惯、文化教育、语言和法律、人与人之间的交往等。优越的自然环境条件可以带给人类健壮的体魄，而自然环境条件不好，对人体健康的影响非常明显。如环境中缺碘，人就会患"大脖子病"，医学上叫地方性甲状腺肿；人食用了野生的有毒蘑菇，可能中毒致死等。同样，社会环境对健康也有着不可忽视的影响，如经济状况差，人们的生活条件就会不好，这样就会导致各种各样疾病的发生，最后导致人的健康水平降低。反过来讲，人的健康水平低，发展经济的能力就弱，就会导致经济状况差。所以，环境与人体健康有着十分密切的关系。

2. 企业职工的身体健康

安全生产是企业发展的永恒主题，事关企业和谐稳定发展的大局，尤其是建房、建桥这类高空作业面多、施工难度大的建筑施工企业，更应时刻绷紧安全这根弦，牢固树立"安全责任重于泰山"的思想，时刻把职工的生命安全和身体健康放在首位。事实上，大量血的教训已经充分证明了这一点。

企业既是安全生产工作的具体承担者，更是安全生产工作的参与者。做好安全生产工作，需要职工群众的广泛参与，只有全体职工的自我安全意识得到加强，才能从根本上避免安全事故的发生。为此，企业要重点培养职工的自我防护意识，加强对安全事故案例的剖析，用活生生的案例来教育职工，让职工心灵受到震撼，切实知道安全事故是社会安定最大的敌人。

企业当然要讲效益，但对于企业而言，安全是最大的效益，也是一项神圣的社会责任。因而，企业要正确处理好安全与生产、安全与效益、安全与改革、安全与发展的关系。不论生产多忙，效益多高，发展速度多快，安全生产工作始终是企业工作的重心。要做好这项工作，必须坚持"以人为本"的科学发展观，时刻把职工的生命健康放在首位，要坚决遏制在生产过程中不顾及职工群众生命安全、片面追求工程进度和经济效益的错误行为。只有把安全工作做到位，企业才有可能实现可持续发展。

（二）建筑工程安全管理分析

1. 建筑工程安全管理

（1）职业健康安全

职业健康安全是指影响或可能影响工作场所内的工作人员、访问者或其他人员的健康安全的条件和因素。现场施工应当以人为本，坚持安全发展，坚持"安全第一、预防为主、综合治理"的方针，建立并持续改进建筑工程安全管理体系。

施工组织设计应注重施工安全操作和防护的需要，编制安全技术措施，应明确环境和卫生管理的目标和措施。进行施工平面图设计和安排施工计划时，应充分考虑安全、防火、防爆和职业健康等因素。

施工现场临时设施、临时道路的设置应科学合理，并应符合安全、消防、节能、环保等有关规定。施工区、材料加工区及存放区应与办公区、生活区划分清晰，并应采取相应的隔离措施。施工现场应实行封闭管理，并采用硬质围挡。

施工现场出入口应标有企业名称或企业标识。主要出入口明显处应设置工程概况牌，施工现场大门内应有施工现场总平面图和安全管理、环境保护与绿色施工、消防保卫等制度牌和宣传栏。

（2）建筑工程安全管理内容

建筑工程安全管理主要是对危险源的管理，危险源是指可能导致人身伤害或健康损害的根源、状态或行为。施工安全危险源是指由于建造施工活动，可能导致施工现场及周围社区人员伤亡、财物损坏、环境破坏等意外的潜在不安全因素。一般来说，对人造成伤亡或者对物造成突发性损害的因素为危险因素；影响人的身体健康而导致疾病，或者对物造成慢性损害的因素为有害因素。

2. 职业健康安全事故损失的因素

职业健康安全事故损失包括直接损失和间接损失，损失的耗费远远超过医疗护理和疾病赔偿的费用，也就是说间接损失一般远远大于直接损失。引发事故风险造成损失的因素有两类：个人因素和管理系统因素。

（1）个人因素

个人因素包括如下七个方面：

①体能、生理结构能力不足，例如，身高、体重、伸展不足，对物质敏感或有过敏症等。

②思维、心理能力不足，例如理解能力不足、判断不良、方向感不良。

③生理压力大，例如感官过度负荷而疲劳、接触极端的温度、氧气不足。

④思维或心理压力大，例如感情过度负荷、要求极端集中力和注意力等。

⑤缺乏知识，例如训练不足、误解指示等。

⑥缺乏技能，例如实习不足等。

⑦不正确的驱动力，例如不正当的同事竞争等。

（2）管理系统因素

管理系统因素包括如下五个方面：

①指导与监督不足，例如，委派责任不清楚或冲突，权力下放不足，政策、程序、作业方式或指引给予不足等。

②工程设计不足，例如，人的因素和人类工效学考虑不足、运行准备不足等。

③采购不足，例如，贮存材料或运输材料不正确、危险性项目识别不足。

④维修不足，例如不足的润滑油和检修、不足的检验器材等。

⑤工具和设备不足，例如，工作标准不足，设备非正常损耗、滥用或误用等。

（三）建筑施工职工健康管理

1. 建立企业职工健康档案

（1）职工健康档案在企业中的作用

企业健康档案能够真实、准确、及时地反映职工的身体健康状态，使得企业在办理招工、确定职工岗位工种、发生工伤办理工伤等级评定时，都可用完整有效的企业职工健康档案作为重要依据，防止弄虚作假办理病退或提前退休等现象的发生。

对职工本人来讲，能够减轻企业职工家庭和个人的经济和精神负担。企业组织职工进行定期的、有针对性的专项体检，并建立完善、真实、准确的职工健康档案，能够更加有效地落实"无病早防、有病早治、防患于未然"的思想，使隐伏性疾病在初始阶段就能得到控制和治疗，从根本上减缓职工家庭和个人的各种压力。

职工健康体检档案是企业职工在一定时期身体状况的真实记录，能够体现出企业对职工实实在在的人文关怀，能够体现出企业落实党中央以人为本、构建和谐社会的思想，培养职工爱岗敬业的责任意识，为企业增收创效打下良好的群众基础。

（2）企业职工健康档案的特点

①企业职工健康档案具有个人隐私性

不是每个企业职工都希望别人知道自己患有某种疾病。职业在接受治疗的同时，也不希望被别人感觉与其他人有什么不同。因此，在让职工了解自己的身体状况，帮助和指导职工对疾病治疗的同时，落实以人为本的思想，尊重个人隐私也是不容忽视的一点。

②职工健康档案具有动态性

职工本人随着年龄的增长体质也在不断变化，每年健康检查的结果也是变化的。同时，在体检时检查出的病症也有一个逐渐演变的过程。因此，使每次体检汇总资料即健康档案做到准确无误，是做好健康档案整理、保管和利用工作的前提。对于各种常见疾病最好的办法是早发现、早治疗，使职工的身体始终处于良好的健康状态。

2. 其他措施

（1）建议在建筑施工企业组建企业职工体质测定与监测工作管理系统。成立专门的组织，购置标准器材，培训操作与管理人员，按照我国国民体质测定标准，每年对该企业职工的身体健康状况进行测定。

（2）针对建筑施工企业职工血压和心率普遍超过国家平均水平、血脂偏高、脊椎病常发等现状，建议职工多参加跑步、游泳、登山等低强度、长时间的耐力性运动项目。

（3）针对建筑施工企业职工工作压力大、工作条件艰苦、患亚健康疾病率高以及下肢力量、灵敏度、耐力、柔韧性等身体素质差等现状，建议职工多参加球类项目，如篮球、足球、羽毛球、乒乓球和网球等。

（4）企业成立体育兴趣小组，如篮球、羽毛球、游泳、舞蹈等，为各个小组购置相关器材，平时鼓励职工积极参加体育锻炼，也可以聘请专业教练进行指导。容易组织比赛的项目，经常组织单位内部各部门、与外单位之间的比赛交流活动。不容易组织比赛的项目，如健身操与舞蹈等，可以组织文艺汇演。对优胜单位和个人进行精神和物质上的奖励，并将结果纳入年终考评的指标之一。

（5）女职工平时业余时间要照顾家务，又不宜参加大运动量项目。建议利用业余休息、节假日等时间，以单位和参与人合力出资的形式，鼓励女青年职工去健身房参加健身，健美操、舞蹈等活动；年长女职工可以参加秧歌、腰鼓、太极拳等活动。

三、建筑工程环境管理与绿色管理

（一）绿色管理概述

1. 绿色管理的定义

绿色管理就是将环境保护的观念融于企业的经营管理之中，它涉及企业管理的各个层次、各个领域、各个方面、各个过程，要求在企业管理中时时处处考虑环保、体现绿色。

2. 绿色管理的原则

绿色管理并非指企业活动中的某一个方面，而是贯穿于技术研发、产品生产、产品销售、企业文化传播等各个领域内，简单概括为"5R"原则，即研究（Research）、消减（Reduce）、再开发（Reuse）、循环（Recycle）、保护（Rescue）。

3. 绿色管理的特点

（1）绿色管理是对生态观念和社会观念进行综合的整体发展。

（2）绿色管理的前提是消费者觉醒的"绿色"意识。

（3）绿色管理的基础在于绿色产品和绿色产业。

（4）绿色标准及标志呈现世界无差别性。

（二）绿色管理的理论基础

1. 可持续发展理论

（1）可持续发展的主要内容

有关可持续发展的定义有一百多种，但被广泛接受、影响最大的仍是世界环境与发展委员会在《我们共同的未来》中的定义。该报告中，可持续发展被定义为："能满足当代人的需要，又不对后代人满足其需要的能力构成危害的发展。它包括两个重要概念——需要的概念和限制的概念。需要的概念，尤其是世界各国人们的基本需要，应被放在特别优先的地位来考虑；限制的概念，指技术状况和社会组织对环境满足眼前和将来需要的能力施加的限制。"

可持续发展涉及经济可持续发展、生态可持续发展和社会可持续发展三个方面的协调统一，要求人类在发展中讲究经济效益、关注生态和谐和追求社会公平，最终达到人的全面发展。

①经济可持续发展

可持续发展鼓励经济增长，而不是以环境保护为名取消经济增长，因为经济发展是国家实力和社会财富的基础。但可持续发展不仅重视经济增长的数量，更追求经济发展的质量。可持续发展要求改变传统的以"高投入、高消耗、高污染"为特征的生产模式和消费模式，实施清洁生产和文明消费，以提高经济活动中的效益、节约资源和减少废物。从某种角度上，可以说集约型的经济增长方式就是可持续发展在经济方面的体现。

②生态可持续发展

可持续发展要求经济建设和社会发展与自然承载能力相协调。发展的同时必须保护和改善地球生态环境，保证以可持续的方式使用自然资源和环境成本，使人类的发展控制在地球的承载能力之内。因此，可持续发展强调了发展是有限制的，没有限制就没有发展的持续。生态可持续发展同样强调环境保护，但不同于以往将环境保护与社会发展对立的做法，可持续发展要求通过转变发展模式，从人类发展的源头、从根本上解决环境问题。

③社会可持续发展

可持续发展强调社会公平是环境保护得以实现的机制和目标。可持续发展指出世界各国的发展阶段可以不同，发展的具体目标也各不相同，但发展的本质都应包括改善人类生活质量，提高人类健康水平，创造一个保障人们平等、自由、教育、人权和免受暴力的社会环境。

在人类可持续发展的系统中，经济可持续是基础，生态可持续是条件，社会可持续才是目的。

（2）可持续发展的基本思想

①可持续发展并不否定经济增长

经济发展是人类生存和进步所必需的，也是社会发展和保持、改善环境的物质保障。要正确选择使用能源和原料的方式，力求减少损失，杜绝浪费，减少经济活动造成的环境压力，从而达到具有可持续意义的经济增长。环境恶化的原因存在于经济过程之中，其解决办法也只能从经济过程中去寻找。要着重注意经济发展中存在的扭曲和误区，并站在保护环境，特别是保护全部资本存量的立场上去纠正它们，使传统的经济增长模式逐步向可持续发展模式过渡。

②可持续发展以自然资源为基础，同环境承载能力相协调

可持续发展追求人与自然的和谐。可持续性可以通过适当的经济手段、技术措施和政府干预得以实现，目的是减少自然资源的消耗速度，使之低于再生速度，如形成有效的利益驱动机制，引导企业采用清洁工艺和生产非污染物品，引导消费者采用可持续消费方式，并推动生产方式的改革。经济活动总会产生一定的污染和废物，但每单位经济活动所产生的废物数量是可以减少的。如果经济决策中能够将环境影响全面、系统地考虑进去，可持续发展是可以实现的。如果处理不当，环境退化的成本将是十分巨大的，甚至会抵消经济增长的成果。

③可持续发展以提高生活质量为目标，同社会进步相适应

单纯追求产值的增长不能体现发展的内涵。"经济发展"比"经济增长"的概念更广泛、意义更深远。若不能使社会经济结构发生变化，不能使一系列社会发展目标得以实现，就不能承认其为"发展"，就是所谓的"没有发展的增长"。

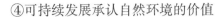

④可持续发展承认自然环境的价值

这种价值不仅体现在环境对经济系统的支撑和服务上，也体现在环境对生命保障系统的支持上，应当把生产中环境资源的投入计入生产成本和产品价格之中，逐步修改和完善国民经济核算体系，即"绿色GDP"。为了全面反映自然资源的价值，产品价格应当完整地反映三部分成本：资源开采或资源获取成本；与开采、获取、使用有关的环境成本，如环境净化成本和环境损害成本；由于当代人使用了某项资源而不可能为后代人使用的效益损失，即用户成本。产品销售价格应该是这些成本加上税及流通费用的总和，由生产者和消费者承担，最终由消费者承担。

⑤可持续发展是培育新的经济增长点的有利因素

通常情况认为，贯彻可持续发展要治理污染、保护环境、限制乱采滥伐和浪费资源，对经济发展是一种制约、一种限制。而实际上，贯彻可持续发展所限制的是那些质量差、效益低的产业。在对这些产业做某些限制的同时，恰恰为那些质优、效高，具有合理、持续、健康发展条件的绿色产业、环保产业、保健产业、节能产业等提供了发展的良机，培育了大批新的经济增长点。

可持续发展理论成为全世界的共识，并逐渐影响社会的生产生活，它的产生与发展为绿色管理的兴起奠定了必要的社会环境与大众意识。

2. 循环经济理论

（1）新的系统观

循环经济与生态经济都是由人、自然资源和科学技术等要素构成的大系统。要求人类在考虑生产和消费时不能把自身置于这个大系统之外，而是将自己作为这个大系统中的一部分来研究符合客观规律的经济原则。要从自然——经济大系统出发，对物质转化的全过程采取战略性、综合性、预防性措施，降低经济活动对资源环境的过度使用及对人类所造成的负面影响，使人类经济社会的循环与自然循环更好地融合起来，实现区域物质流、能量流、资金流的系统优化配置。

（2）新的经济观

就是用生态学和生态经济学规律来指导生产活动。经济活动要在生态可承受范围内进行，超过资源承载能力的循环是恶性循环，会造成生态系统退化。只有在资源承载能力之内的良性循环，才能使生态系统平衡地发展。循环经济是用先进生产技术、替代技术、减量技术和共生链接技术以及废旧资源利用技术、"零排放"技术等支撑的经济，不是传统的低水平物质循环利用方式下的经济。要求在建立循环经济的支撑技术体系上下功夫。

（3）新的价值观

在考虑自然资源时，不仅要视为可利用的资源，而且是需要维持良性循环的生态系统；在考虑科学技术时，不仅考虑其对自然的开发能力，而且要充分考虑到它对生态系统的维系和修复能力，使之成为有益于环境的技术；在考虑人自身发展时，不仅考虑人对自然的改造能力，而且更重视人与自然和谐相处的能力，促进人的全面发展。

（4）新的生产观

新的生产观就是要从循环意义上发展经济，用清洁生产、环保要求从事生产。它的生产观念是要充分考虑自然生态系统的承载能力，尽可能地节约自然资源，不断提高自然资源的利用效率；并且是从生产的源头和全过程充分利用资源，使每个企业在生产过程中少投入、少排放、高利用，达到废物最小化、资源化、无害化。上游企业的废物成为下游企业的原料，实现区域或企业群的资源最有效利用；并且用生态链条把工业与农业、生产与消费、城区与郊区、行业与行业有机结合起来，实现可持续生产和消费，逐步建成循环型社会。

循环经济理论作为一种新的经济观、系统观、价值观与生产观，为绿色管理理论进入企业经营管理铺平了理论道路。

3. 环境经济学理论

在很长一个阶段，人们认为水、空气等环境资源是取之不尽、用之不竭的，自然界是处理废弃物的最佳场所。最初由于生产能力和方式的局限，经济活动对自然环境的不利影响表现得不是很明显。但随着生产力的发展和人口的增长，自然环境对于人类的反作用逐渐清晰。尤其是到了 20 世纪 50 年代，这一时期社会生产规模的急剧扩大，人口的迅速增加，经济活动的频繁与密集，使得自然资源的再生不能满足当时的需要，出现了全球性的资源危机与环境破坏。随之，一些研究者开始注意到防治环境污染的经济问题，并试图论述和改变现状，而环境经济学就产生于环境科学和经济学之间的交叉处。

众所周知，社会经济的再生产过程与自然环境之间存在着密不可分的联系，自然环境为社会生产提供物质支持，社会生产的废弃物又被排放到自然环境中。社会生产若不能遵循自然规律，打破与自然环境的平衡，后果则不堪设想。环境经济学理论就是研究合理调节人与自然的物质变换关系，在遵循自然生态平衡和物质循环的规律下，使社会经济活动的近期直接效果与长期间接效果达到统一。

环境经济学理论所主张的环境与经济效益之间的观点，为绿色管理理论在经济活动中得以实现提供了强有力的发展后盾。

（三）建筑工程项目绿色管理

1. 建筑工程项目绿色管理的内涵

（1）建筑工程项目绿色施工是根据可持续发展的要求，在传统项目管理理论中融入绿色管理的思想。

（2）在项目管理全生命周期中的每一个阶段和过程中，采用一系列有效且可操作的实施、分析、控制、评价等方法，一直坚持"绿色"主导原则。

（3）特别注重对环境、资源的管理，让实施项目在科学的、合理的项目管理方法及理论指导下进行，实现环境、经济、社会三种效益的统一和谐，从而实现可持续发展。

（4）绿色管理就是在传统的项目管理的基础上加入了绿色管理的理念，要求企业最大限度地节约资源、保护环境、减少污染和材料的循环利用，以实现经济效益与社会效益、长期利益与当前发展的和谐统一。

2. 建筑工程项目绿色管理的意义

以社会学的角度看，在生态、经济、环境、资源、管理等各方面，实现绿色工程项目管理具有较为深远的意义。

（1）环境学

环境科学是一门研究环境的物理、化学、生物三个部分的学科。它提供了综合、定量和跨学科的方法来研究环境系统。由于大多数环境问题涉及人类活动，因此经济、法律和社会科学知识往往也可用于环境科学研究。环境科学是一门研究人类社会发展活动与环境演化规律之间相互作用关系，寻求人类社会与环境协同演化、持续发展途径与方法的科学。

从环境学的角度看，实现建筑工程项目绿色施工有利于减少环境污染，提高环境品质。绿色施工，顾名思义对施工过程中造成的污染应降到最小，而现今大部分施工活动对环境乃至人体健康都存在严重威胁。绿色工程项目可以将这种威胁降到最小。

（2）资源学

从资源学的角度看，建筑工程项目绿色施工有利于施工过程中合理使用资源。绿色施工在资源学上有一个定义，就是在工程进行施工的时候要充分考虑到自然资源，对于自然资源的利用崇尚适度、循环、综合的原则，并有可能进行充分利用，以最小的投入获得最大的产出。

（3）生态学

生态学是研究生物体与其周围环境（包括非生物环境和生物环境）相互关系的科学。目前已经发展为"研究生物与其环境之间的相互关系的科学"，有自己的研究对象、任务和方法的比较完整和独立的学科。

从生态学角度讲，建筑工程项目绿色施工应符合生态系统的运作规律，在进行建筑工程项目建造活动的同时，必须以可持续发展的眼光，充分考虑其对于生态环境的影响，保持生态系统的平衡。

（4）经济学

经济学是研究人类社会在各个发展阶段上的各种经济活动和各种相应的经济关系及其运行、发展规律的科学。其中经济活动是人们在一定的经济关系的前提下，进行生产、交换、分配、消费以及与之有密切关联的活动，在经济活动中，存在以较少耗费取得较大效益的问题。经济关系是人们在经济活动中结成的相互关系，在各种经济关系中，占主导地位的都是生产关系。

从经济学角度讲，经济效益是建筑工程项目绿色施工所追求的目标。这就要求企业提高工程的投资效益，而建筑工程项目绿色施工正是可以通过科学的管理、健康的运营等手段，提高工程的投资效益，降低工程的建设成本，创造利润，实现投资效益，进而实现经济效益。

（5）管理学

管理学是一门综合性的交叉学科，是系统研究管理活动的基本规律和一般方法的科学。管理学是适应现代社会化大生产的需要产生的，它的目的是：研究在现有的条件下，如何通过合理组织和配置人、财、物等因素，提高生产力的水平。

从管理学角度讲，建筑工程项目绿色施工应做到在施工的过程中，对于三大方面资源进行合理的组织和安排，从而保证各部门之间协调统一和平衡发展。通过对人、财、物三方面的合理组织和安排，来实现企业、资源、环境三方面之间的协调和可持续发展。

（6）社会学

社会学是从社会整体观念出发，通过社会关系和社会行为来研究社会的结构、功能、发生和发展规律的综合性学科。

从社会学角度讲，要求建筑工程项目绿色施工在追求经济效益的同时，要确保环境、资源和生态的平衡，做到经济效果、社会效果和生态效果的统一。

3. 建筑工程项目绿色施工的原则

（1）环保理念贯穿建筑工程项目管理的全过程

在建筑工程项目施工的过程中，对于每一个管理环节的设计、开发、实施、竣工以及补充性服务都需要考虑对环境产生的污染与破坏情况，并将环保措施付诸实践。尤为值得一提的是，在决策过程中，不仅要考虑到环境因素，同时要重视对环境问题与企业决策相互融合共生的研究，以此来服务于企业。

（2）努力做到社会效益、经济效益与生态效益三方共赢

建筑工程项目绿色施工管理追求的不仅仅是眼前利益，而是追求眼前利益与长远利益的统一，追求经济效益与环境保护以及社会责任三者之间的和谐，把获得企业发展与实现社会发展有机统一。

（3）重视资源节约与循环利用

绿色经济中，资源节约与循环利用是一个重要议题，在建筑工程项目管理中，需要克服传统管理中为最大限度在工期要求内完成任务而浪费资源的缺陷，最大限度地考虑资源节约与循环利用，增加经济效益并保护生态环境。管理中开发新技术与新工艺同样是实现资源节约的重要方式。

第二节　建筑工程项目安全管理

一、建筑工程项目安全管理基础

（一）安全管理

安全管理是一门技术科学，它是介于基础科学与工程技术之间的综合性科学。它强调理论与实践的结合，重视科学与技术的全面发展。安全管理的特点是把人、物、环境三者进行有机联系，试图控制人的不安全行为、物的不安全状态和环境的不安全条件，解决人、物、环境之间不协调的矛盾，排除影响生产效益的人为和物质的阻碍事件。

1. 安全管理的定义

安全管理同其他学科一样，有自己特定的研究对象和研究范围。安全管理是研究人的行为与机器状态、环境条件的规律及其相互关系的科学。安全管理涉及人、物、环境相互关系协调的问题，有其独特的理论体系，并运用理论体系提出解决问题的方法。与安全管理相关的学科包括劳动心理学、劳动卫生学、统计科学、计算科学、运筹学、管理科学、安全系统工程、人机工程、可靠性工程、安全技术等。在工程技术方面，安全管理已广泛地应用于基础工业、交通运输、军事及尖端技术工业等。

安全管理是管理科学的一个分支，也是安全工程学的一个重要组成部分。安全工程学包括安全技术、工业卫生工程及安全管理。

安全技术是安全工程的技术手段之一。它着眼于对生产过程中物的不安全因素和环境的不安全条件，采用技术措施进行控制，以保证物和环境安全可靠，达到技术安全的目的。

工业卫生工程也是安全工程的技术手段之一。它着眼于消除或控制生产过程中对人体健康产生影响或危害的有害因素，从而保证安全生产。安全管理则是安全工程的组织、计划、决策和控制过程，它是保障安全生产的一种管理措施。

总之，安全管理是研究人、物、环境三者之间的协调性，对安全工作进行决策、计划、组织、控制和协调；在法律制度、组织管理、技术和教育等方面采取综合措施，控制人、物、环境的不安全因素，以实现安全生产为目的的一门综合性学科。

2. 安全管理的目的

企业安全管理是遵照国家的安全生产方针、安全生产法规，根据企业的实际情况，从组织管理与技术管理上提出相应的安全管理措施，在对国内外安全管理经验教训、研究成果的基础上，寻求适合企业实际的安全管理方法。而这些管理措施和方法的作用都在于控制和消除影响企业安全生产的不安全因素、不卫生条件，从而保障企业生产过程中不发生人身伤亡事故和职业病，不发生火灾、爆炸事故，不发生设备事故。因此，安全管理的目的如下。

（1）确保生产场所及生产区域周边范围内人员的安全与健康

即要消除危险、危害因素，控制生产过程中伤亡事故和职业病的发生，保障企业内部和周边人员的安全与健康。

（2）保护财产和资源

即要控制生产过程中设备事故和火灾、爆炸事故的发生，避免由不安全因素导致的经济损失。

（3）保障企业生产顺利进行

提高效率，促进生产发展，是安全管理的根本目的和任务。

（4）促进社会生产发展

安全管理的最终目的就是维护社会稳定，建立和谐社会。

3. 安全管理的主要内容

安全与生产是相辅相成的，没有安全管理保障，生产就无法进行；反之，没有生产活动，也就不存在安全问题。通常所说的安全管理，是针对生产活动中的安全问题、围绕企业安全生产所进行的一系列管理活动。安全管理是控制人、物、环境的不安全因素，所以安全管理工作的主要内容大致如下。

第一，安全生产方针与安全生产责任制的贯彻实施。

第二，安全生产法规、制度的建立与执行。

第三，事故与职业病预防与管理。

第四，安全预测、决策及规划。

第五，安全教育与安全检查。

第六，安全技术措施计划的编制与实施。

第七，安全目标管理、安全监督与监察。

第八，事故应急救援。

第九，职业安全健康管理体系的建立。

第十，企业安全文化建设。

随着生产的发展，新技术、新工艺的应用，以及生产规模的扩大，产品品种的不断增多与更新，职工队伍的不断壮大与更替，加之生产过程中环境因素的随时变化，企业生产会出现许多新的安全问题。当前，随着改革的不断深入，安全管理的对象、形式及方法也随着市场经济的要求而发生变化。因此，安全管理的工作内容要不断适应生产发展的要求，随时调整和加强工作重点。

4. 安全管理的原理与原则

安全管理作为管理的重要组成部分，既遵循管理的普遍规律，服从管理的基本原理与原则，又有其特殊的原理与原则。

原理是对客观事物的实质内容及其基本运动规律的表述。原理与原则之间存在内在的逻辑对应关系。安全管理原理是从生产管理的共性出发，对生产管理工作的实质内容进行科学分析、综合、抽象与概括所得出的生产管理规律。

原则是根据对客观事物基本规律的认识引发出来的，是需要人们共同遵循的行为规范和准则。安全生产原则是指在生产管理原则的基础上，指导生产管理活动的通用规则。

原理与原则的本质与内涵是一致的。一般来说，原理更基本，更具有普遍意义；原则更具体，对行动更有指导性。

（1）系统原理

①系统原理的含义

系统原理是指运用系统论的观点、理论和方法来认识和处理管理中出现的问题，对管理活动进行系统分析，以达到管理的优化目标。

系统是由相互作用和相互依赖的若干部分组成、具有特定功能的有机整体。任何管理对象都可以作为一个系统。系统可以分为若干子系统，子系统可以分为若干要素，即系统是由要素组成的。按照系统的观点，管理系统具有六个特征，即集合性、相关性、目的性、整体性、层次性和适应性。

安全管理系统是生产管理的一个子系统，包括各级安全管理人员、安全防护设备与设施、安全管理规章制度、安全生产操作规范和规程，以及安全生产管理信息等。安全贯穿于整个生产活动过程中，安全生产管理是全面、全过程和全员的管理。

②运用系统原理的原则

A. 动态相关性原则

动态相关性原则表明：构成管理系统的各要素是运动和发展的，它们相互联系又相互制约。如果管理系统的各要素都处于静止状态，就不会发生事故。

B. 整分合原则

高效的现代安全生产管理必须在整体规划下明确分工，在分工基础上有效综合，这就是整分合原则。运用该原则，要求企业管理者在制定整体目标和进行宏观策划时，必须将安全生产纳入其中，在考虑资金、人员和体系时，都必须将安全生产作为一个重要内容加以考虑。

C. 反馈原则

反馈是控制过程中对控制机构的反作用。成功、高效的管理，离不开灵活、准确、快速的反馈。企业生产的内部条件和外部环境是不断变化的，必须及时捕获、反馈各种安全生产信息，以便及时采取行动。

D. 封闭原则

在任何一个管理系统内部，管理手段、管理过程都必须构成一个连续封闭的回路，才能形成有效的管理活动，这就是封闭原则。封闭原则告诉我们，在企业安全生产中，各管理机构之间、各种管理制度和方法之间，必须具有紧密的联系，形成相互制约的回路，才能有效。

（2）人本原理

①人本原理的含义

在安全管理中把人的因素放在首位，体现以人为本，这就是人本原理。以人为本有两层含义：一是一切管理活动都是以人为本展开的，人既是管理的主体，又是管理的客体，每个人都处在一定的管理层面上，离开人就无所谓管理；二是在管理活动中，作为管理对象的要素和管理系统的各环节，都需要人掌管、运作、推动和实施。

②运用人本原理的原则

A. 动力原则

推动管理活动的基本力量是人，管理必须有能够激发人的工作能力的动力，这就是动力原则。对于管理系统，有三种动力，即物质动力、精神动力和信息动力。

B. 能级原则

现代管理认为，单位和个人都具有一定的能量，并且可按照能量的大小顺序排列，形成管理的能级，就像原子中电子的能级一样。在管理系统中，建立一套合理能级，根据单位和个人能量的大小安排其工作，发挥不同能级的能量，保证结构的稳定性和管理的有效性，就是能级原则。

C. 激励原则

管理中的激励就是利用某种外部诱因的刺激，调动人的积极性和创造性。以科学的手段，激发人的内在潜力，使其充分发挥积极性、主动性和创造性，这就是激励原则。人的工作动力来源于内在动力、外部压力和工作吸引力。

（3）预防原理

①预防原理的含义

安全生产管理工作应该做到预防为主，通过有效的管理和技术手段，减少和防止人的不安全行为和物的不安全状态，达到预防事故的目的。在可能发生人身伤害、设备或设施损坏和环境破坏的场合，事先采取措施，防止事故发生。

②运用预防原理的原则

A. 事故是可以预防的

生产活动过程都是由人来进行规划、设计、施工、生产运行的，人们可以改变设计、改变施工方法和运行管理方式，避免事故发生。同时可以寻找引起事故的本质因素，采取措施，予以控制，达到预防事故的目的。

B. 因果关系原则

事故的发生是许多因素互为因果连锁发生的最终结果，只要诱发事故的因素存在，发生事故是必然的，只是时间或迟或早而已，这就是因果关系原则。

C. 3E 原则

造成事故的原因可归纳为四个方面，即人的不安全行为、设备的不安全状态、环境的不安全条件，以及管理缺陷。针对这四方面的原因，可采取三种对策，即工程技术（Engineering）对策、教育（Education）对策和强制（Enforcement）对策，即所谓 3E 原则。

D. 本质安全化原则

本质安全化原则是指从一开始和从本质上实现安全化，从根本上消除事故发生的可能性，从而达到预防事故发生的目的。

（4）强制原理

①强制原理的含义

采取强制管理的手段控制人的意愿和行为，使人的活动、行为等受到安全生产管理要求的约束，从而实现有效的安全生产管理。所谓强制就是绝对服从，不必经过被管理者的同意便可采取的控制行动。

②运用强制原理的原则

A. 安全第一原则

安全第一就是要求在进行生产和其他工作时把安全工作放在一切工作的首要位置。当生产和其他工作与安全发生矛盾时，要以安全为主，生产和其他工作要服从于安全。

B. 监督原则

监督原则是指在安全活动中，为了使安全生产法律法规得到落实，必须设立安全生产管理部门，对企业生产中的守法和执法情况进行监督。监督主要包括国家监督、行业管理、群众监督等。

（二）建筑工程项目安全管理的内涵

1. 建筑工程安全管理的概念

建筑工程安全管理是指为保护产品生产者和使用者的健康与安全，控制影响工作场所内员工、临时工作人员、合同方人员、访问者和其他有关部门人员健康和安全的条件和因素，避免因使用不当对使用者造成健康和安全危害而进行的一系列管理活动。

2. 建筑工程安全管理的内容

建筑工程安全管理的内容是建筑生产企业为达到建筑工程建筑工程安全管理的目的，所进行的指挥、控制、组织、协调活动，包括制定、实施、实现、评审和保持职业健康安全所需的组织机构、计划活动、职责、惯例、程序、过程和资源。

不同的组织（企业）根据自身的实际情况制定方针，并为实施、实现、评审和保持（持续改进）建立组织机构、策划活动、明确职责、遵守有关法律法规和惯例、编制程序控制文件，实行过程控制并提供人员、设备、资金和信息资源，保证建筑工程安全管理任务的完成。

3. 建筑工程安全管理的特点

（1）复杂性

建筑产品的固定性和生产的流动性及受外部环境影响多，决定了建筑工程安全管理具有复杂性。

①建筑产品生产过程中生产人员、工具与设备的流动性

A. 同一工地不同建筑之间的流动。

B. 同一建筑不同建筑部位上的流动。

C. 一个建筑工程项目完成后，又要向另一个新项目动迁的流动。

②建筑产品受不同外部环境影响多

A. 露天作业多。

B. 气候条件变化的影响。

C. 工程地质和水文条件变化的影响。

D. 地理条件和地域资源的影响。

由于生产人员、工具和设备的交叉和流动作业，受不同外部环境的影响因素多，使得健康安全管理很复杂，若考虑不周就会出现问题。

（2）多样性

建筑产品的多样性决定了生产的单件性。每一个建筑产品都要根据其特定要求进行施工，主要表现如下。

①不能按同一图样、同一施工工艺、同一生产设备进行批量重复生产。

②施工生产组织及结构的变动频繁，生产经营的"一次性"特征特别突出。

③生产过程中实验性研究课题多，所碰到的新技术、新工艺、新设备、新材料给建筑工程安全管理带来不少难题。

因此，对于每个建筑工程项目都要根据其实际情况，制订健康安全管理计划，不可相互套用。

（3）协调性

产品生产过程的连续性和分工决定了建筑工程安全管理的协调性。建筑产品不能像其他许多工业产品一样，可以分解为若干部分同时生产，而必须在同一固定场地，按严格程序连续生产，上一道程序不完成，下一道程序不能进行，上一道工序生产的结果往往会被下一道工序所掩盖，而且每一道程序由不同人员和单位完成。因此，在建筑施工安全管理中，要求各单位和专业人员横向配合和协调，共同注意产品生产过程接口部分安全管理的协调性。

（4）持续性

产品生产的阶段性决定建筑工程安全管理的持续性。一个建筑项目从立项到投产要经过设计前的准备阶段、设计阶段、施工阶段、使用前的准备阶段（包括竣工验收和试运行）、保修阶段等五个阶段。这五个阶段都要十分重视项目的安全问题，持续不断地对项

目各个阶段可能出现的安全问题实施管理。否则，一旦在某个阶段出现安全问题就会造成投资的巨大浪费，甚至造成工程项目建设的夭折。

二、建筑工程项目安全管理优化

（一）施工安全控制

1. 施工安全控制的特点

（1）控制面广

由于建筑工程规模较大，生产工艺比较复杂、工序多，在建造过程中流动作业多、高处作业多、作业位置多变、遇到的不确定因素多，安全控制工作涉及范围大、控制面广。

（2）控制的动态性

第一，建筑工程项目的单件性使得每项工程所处的条件都会有所不同，所面临的危险因素和防范措施也会有所改变，员工在转移工地以后，熟悉一个新的工作环境需要一定的时间，有些工作制度和安全技术措施也会有所调整，员工同样需要熟悉的过程。

第二，建筑工程项目施工具有分散性。因为现场施工是分散于施工现场的各个部位，尽管有各种规章制度和安全技术交底的环节，但是面对具体的生产环境的时候，仍然需要自己的判断和处理，有经验的人员还必须适应不断变化的情况。

（3）控制系统交叉性

建筑工程项目是一个开放系统，受自然环境和社会环境影响很大，同时也会对社会和环境造成影响，安全控制需要把工程系统、环境系统及社会系统结合起来。

（4）控制的严谨性

由于建筑工程施工的危害因素较为复杂、风险程度高、伤亡事故多，所以预防控制措施必须严谨，如有疏漏就可能发展到失控的地步而酿成事故，造成损失和伤害。

2. 施工安全控制程序

施工安全控制程序，包括确定每项具体建筑工程项目的安全目标，编制建筑工程项目安全技术措施计划，安全技术措施计划的落实和实施，安全技术措施计划的验证、持续改进等。

3. 施工安全技术措施的一般要求

（1）施工安全技术措施必须在工程开工前制定

施工安全技术措施是施工组织设计的重要组成部分，应当在工程开工以前与施工组织

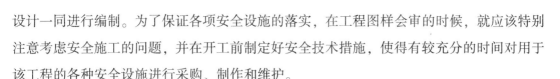

设计一同进行编制。为了保证各项安全设施的落实，在工程图样会审的时候，就应该特别注意考虑安全施工的问题，并在开工前制定好安全技术措施，使得有较充分的时间对用于该工程的各种安全设施进行采购、制作和维护。

（2）施工安全技术措施要有全面性

根据有关法律法规的要求，在编制工程施工组织设计的时候，应当根据工程特点制定相应的施工安全技术措施。对于大中型工程项目、结构复杂的重点工程，除了必须在施工组织设计中编制施工安全技术措施以外，还应编制专项工程施工安全技术措施，详细说明有关安全方面的防护要求和措施，确保单位工程或分部分项工程的施工安全。对爆破、拆除、起重吊装、水下、基坑支护和降水、土方开挖等危险性较大的作业，必须编制专项安全施工技术方案。

（3）施工安全技术措施要有针对性

施工安全技术措施是针对每项工程的特点制定的，编制安全技术措施的技术人员必须掌握工程概况、施工方法、施工环境、条件等第一手资料，并熟悉安全法规、标准等，才能制定有针对性的安全技术措施。

（4）施工安全技术措施必须包括应急预案

由于施工安全技术措施是在相应的工程施工实施之前制订的，所涉及的施工条件和危险情况大都是建立在可预测的基础之上，而建筑工程施工过程是开放的过程，在施工期间的变化是经常发生的，还可能出现预测不到的突发事件或灾害（如地震、火灾、台风、洪水等）。所以，施工技术措施计划必须包括面对突发事件或紧急状态的各种应急设施、人员逃生和救援预案，以便在紧急情况下，能及时启动应急预案，减少损失，保护人员安全。

（5）施工安全技术措施必须包括应急预案

由于施工安全技术措施是在相应的工程施工实施之前制定的，所涉及的施工条件和危险情况大都是建立在可预测的基础之上的，而建筑工程施工过程是开放的过程，在施工期间的变化是经常发生的，还可能出现预测不到的突发事件或灾害（如地震、火灾、台风、洪水等）。所以，施工技术措施计划必须包括面对突发事件或紧急状态的各种应急设施、人员逃生和救援预案，以便在紧急情况下，能及时启动应急预案，减少损失，保护人员安全。

（6）施工安全技术措施要有可行性和可操作性

施工安全技术措施应能够在每个施工工序之中得到贯彻实施，既要考虑落实安全要求，又要考虑现场环境条件和施工技术条件能够做得到。

（二）施工安全检查

1. 安全检查的内容

第一，查思想。检查企业领导和员工对安全生产方针的认识程度，建立健全安全生产管理和安全生产规章制度。

第二，查管理。主要检查安全生产管理是否有效，安全生产管理和规章制度是否真正得到落实。

第三，查隐患。主要检查生产作业现场是否符合安全生产要求，检查人员应深入作业现场，检查工人的劳动条件、卫生设施、安全通道，零部件的存放、防护设施状况，电气设备、压力容器、化学用品的储存，粉尘及有毒有害作业部位点的达标情况，车间内的通风照明设施，个人劳动防护用品的使用是否符合规定等。要特别注意对一些要害部位和设备加强检查，如锅炉房、变电所以及存放各种剧毒、易燃、易爆等物品的场所。

第四，查整改。主要检查对过去提出的安全问题、发生的生产事故及存在的安全隐患是否采取了安全技术措施和安全管理措施，整改的效果如何。

第五，查事故处理。检查对伤亡事故是否及时报告，对责任人是否已经做出严肃处理。在安全检查中，必须成立一个适应安全检查工作需要的检查组，配备适当的人力、物力；检查结束后，应编写安全检查报告，说明已达标项目、未达标项目、存在问题、原因分析，做出纠正和预防措施的建议。

2. 施工安全生产规章制度的检查

为了实施安全生产管理制度，工程承包企业应当结合本身的实际情况，建立健全一整套本企业的安全生产规章制度，并且落实到具体的工程项目施工任务中。在安全检查的时候，应对企业的施工安全生产规章制度进行检查。施工安全生产规章制度一般应包括：安全生产奖励制度，安全值班制度，各种安全技术操作规程，危险作业管理审批制度，易燃、易爆、剧毒、放射性、腐蚀性等危险物品生产、储运、使用的安全管理制度，防护物品的发放和使用制度，安全用电制度，加班加点审批制度，危险场所动火作业审批制度，防火、防爆、防雷、防静电制度，危险岗位巡回检查制度，安全标志管理制度。

（三）建筑工程项目安全管理评价

1. 安全管理评价的意义

（1）有助于提高企业的安全生产效率

对于安全生产问题的新认识、新观念，表现在对事故本质的揭示、对规律的认识和对安全本质的再认识和剖析上，所以，应该将安全生产置于危险分析和预测评价的基础上。安全管理评价是安全设计的主要依据，能够找出生产过程中固有的或潜在的危险、有害因素及其产生危险、危害的主要条件与后果，并及时提出消除危险和有害因素的最佳技术、措施与方案。

开展安全管理评价，能够有效督促、引导建筑施工企业改进安全生产条件，建立健全安全生产保障体系，为建设单位安全生产管理的系统化、标准化以及科学化提供依据和条件。同时，安全管理评价也可以为安全生产综合管理部门实施监察和管理提供依据。开展安全管理评价能够变纵向单因素管理为横向综合管理，变静态管理为动态管理，变事故处理为事件分析与隐患管理，将事故扼杀于萌芽之前，总体上有助于提高建筑企业的安全生产效率。

（2）能预防、减少事故发生

安全管理评价是以实现项目安全为主要目的，应用安全系统工程的原理和方法，对工程系统当中存在的危险和有害因素进行识别和分析，判断工程系统发生事故和急性职业危害的可能性及其严重程度，提出安全对策建议，进而为整个项目制定安全防范措施和管理决策提供科学依据。

安全评价与日常安全管理及安全监督监察工作有所不同，传统安全管理方法的特点是凭经验进行管理，大多为事故发生以后再进行处理。安全评价是从技术可能带来的负效益出发，分析、论证和评估由此产生损失和伤害的可能性、影响范围、严重程度以及应采取的对策措施等。安全评价从本质上讲是一种事前控制，是积极有效的控制方式。安全评价的意义在于，通过安全评价，可以预先识别系统的危险性，分析生产经营单位的安全状况，全面地评价系统及各部分的危险程度和安全管理状况，可以有效地预防、减少事故发生，减少财产损失和人员伤亡或伤害。

2. 工程项目安全管理评价体系

（1）管理评价指标构建原则

①系统性原则

指标体系的建立，首先应该遵循的是系统性原则，从整体出发，全面考虑各种因素对安全管理的影响，以及导致安全事故发生的各种因素之间的相关性和目标性选取指标。同时，需要注意指标的数量及体系结构要尽可能系统全面地反映评价目标。

②相关性原则

指标在进行选取的时候，应该以建筑安全事故类型及成因分析为基础，忽略对安全影响较小的因素，从事故高发的类型当中选取高度相关的指标。这一原则可以从两方面进行判断：一是指标是否对现场人员的安全有影响；二是选择的指标如果出现问题，是否影响项目的正常进行及影响的程度。所以，评价以前要有层次、有重点地选取指标，使指标体系既能反映安全管理的整体效果，又能体现安全管理的内在联系。

③科学性原则

评价指标的选取应该科学规范。这是指评价指标要有准确的内涵和外延、指标体系尽可能全面合理地反映评价对象的本质特征。此外，评分标准要科学规范，应参照现有的相关规范进行合理选择，使评价结果真实客观地反映安全管理状态。

④客观真实性原则

评价指标的选取应该尽量客观，首先应当参考相关规范，这样能保证指标有先进的科学理论做支撑。同时，结合经验丰富的专家的意见进行修正，这样能保证指标对施工现场安全管理的实用性。

⑤相对独立性原则

为了避免不同的指标间内容重叠，从而降低评价结果的准确性，相对独立性原则要求各评价指标间应保持相互独立，指标间不能有隶属关系。

（2）工程项目安全管理评价体系的内容

①安全管理制度

建筑工程是一项复杂的系统工程，涉及业主、承包商、分包商、监理单位等关系主体，建筑工程项目安全管理工作需要从安全技术和管理上采取措施，才能确保安全生产的规章制度、操作章程的落实，降低事故的发生频率。

安全管理制度指标包括五个子指标：安全生产责任制度、安全生产保障制度、安全教育培训制度、安全检查制度和事故报告制度。

②资质、机构与人员管理

建筑工程建设过程中，建筑企业的资质、分包商的资质、主要设备及原材料供应商的资质、从业人员资格等方面的管理不严，不但会影响工程质量、进度，而且容易引发建筑工程项目安全事故。

资质、机构与人员管理指标包括企业资质和从业人员资格、安全生产管理机构、分包单位资质和人员管理及供应单位管理这四个子指标。

③设备设施管理

建筑工程项目施工现场涉及诸多大型复杂的机械设备和施工作业配备设施，由于施工现场场地和环境限制，对于设备设施的堆放位置、布局规划、验收与日常维护不当容易导致建筑工程项目发生事故。

设备设施管理指标包括设备安全管理、大型设备拆装安全管理、安全设施和防护管理、特种设备管理和安全检查测试工具管理这五个子指标。

④安全技术管理

通常来说，建筑工程项目主要事故有高处坠落、触电、物体打击、机械伤害、坍塌等。据统计，这五类事故占事故总数的85%以上。造成事故的安全技术原因主要有安全技术知识的缺乏、设备设施的操作不当、施工组织设计方案失误、安全技术交底不彻底等。

安全技术管理指标包括六个子指标危险源控制、施工组织设计方案、专项安全技术方案、安全技术交底、安全技术标准规范操作规程及安全设备工艺的选用。

第三节　建筑工程项目信息管理

一、建筑工程项目信息管理概述

（一）信息管理

1. 信息管理的定义

信息管理是人类综合采用技术的、经济的、政策的、法律的和人文的方法和手段以便对信息流（包括非正规信息流和正规信息流）进行控制，以提高信息利用效率、最大限度地实现信息效用价值为目的的一种活动。

信息是事物的存在状态和运动属性的表现形式，一般经由两种方式从信息产生者向信息利用者传递。一种是由信息产生者直接流向信息利用者，称为非正规信息流；另一种是信息在信息系统的控制下流向信息利用者，称为正规信息流。

所谓信息管理，是指对人类社会信息活动的各种相关因素（主要是人、信息、技术和机构）进行科学的计划、组织、控制和协调，以实现信息资源的合理开发和有效利用的过程。它既包括微观上对信息内容的管理——信息的组织、检索、加工和服务等，又包括宏观上对信息机构和信息系统的管理。

信息管理是通过制定完善的信息管理制度，采用现代化的信息技术，保证信息系统有效运转的工作过程；既有静态管理，又有动态管理，但更重要的是动态管理。它不仅要保证信息资料的完整状态，还要保证信息系统在"信息输入—信息输出"的循环中正常运行。

信息管理是人类为了收集、处理和利用信息而进行的社会活动。它是科学技术的发展、社会环境的变迁、人类思想的进步所造成的必然结果和必然趋势。

2. 信息管理的基本过程

在实际生活中，每个人每时每刻都在不断地接收信息、加工信息和利用信息，都在和信息打交道。现代管理者在管理方式上的一个重要特征就是：他们很少同"具体的事情"打交道，更多的是同"事情的信息"打交道。管理系统规模越大，结构越复杂，对信息的渴求就越强烈。实际上，任何一个组织要形成统一的意志、统一的步调，各要素之间必须能够准确快速地相互传递信息。管理者对组织的有效控制，都必须依靠来自组织内外的各种信息。一切管理活动都离不开信息，一切有效的管理都离不开信息的管理。

信息管理是指在整个管理过程中，人们收集、加工和输入、输出的信息的管理。信息管理的过程主要包括信息收集、信息传输、信息加工和信息储存。

（1）信息收集就是指对原始信息的获取。

（2）信息传输是信息在时间和空间上的转移，因为信息只有及时准确地送到需要者的手中才能发挥作用。

（3）信息加工包括信息形式的变换和信息内容的处理。信息的形式变换是指在信息传输过程中，通过变换载体，使信息准确地传输给接收者。

（4）信息的内容处理是指对原始信息进行加工整理，深入揭示信息的内容。经过信息内容的处理，输入的信息才能变成所需要的信息，才能被适时有效地利用。信息送到使用者手中，有的并非使用完之后就无用了，还须留下作为事后的参考和保留，这就是信息储存。通过信息的储存可以从中揭示出规律性的东西，也可以重复使用。

3. 信息管理的职能

（1）计划职能

信息管理的计划职能，是围绕信息的生命周期和信息活动的整个管理过程，通过调查研究，预测未来，根据战略规划所确定的总体目标。具体来说就是分解出子目标和阶段任务，并规定实现这些目标的途径和方法，制订出各种信息管理计划，从而将已定的总体目标转化为全体组织成员在一定时期内的行动指南，指引组织未来的行动。信息管理计划包括信息资源计划和信息系统建设计划。

①信息资源计划：信息资源计划是信息管理的主计划，包括组织信息资源管理的战略规划和常规管理计划，信息资源管理的战略规划是组织信息管理的行动纲领，规定组织信息管理的目标、方法和原则，常规管理计划是指信息管理的日常计划，包括信息收集计划、信息加工计划、信息存储计划、信息利用计划和信息维护计划等，是对信息资源管理的战略规划的具体落实。

②信息系统建设计划：信息系统是信息管理的重要方法和手段。信息系统建设计划是指组织关于信息系统建设的行动安排和纲领性文件，内容包括信息系统建设的工作范围、对人财物和信息等资源的需求、系统建设的成本估算、工作进度安排和相关的专题计划等。

（2）组织职能

随着经济全球化、网络化、知识化的发展与网络通信技术、计算机信息处理技术的发展对人类活动的组织产生了深刻影响，信息活动的组织也随之发展。计算机网络及信息处理技术被应用于组织中的各项工作，使组织能更好地收集情报，更快地做出决策，增强组织的适应能力和竞争力，从而使组织信息资源管理的规模日益增大，信息管理对组织更显重要，信息管理组织成为组织中的重要部门。信息管理部门不仅要承担信息系统组建、保障信息系统运行和对信息系统维护更新的任务，还要向信息资源使用者提供信息、技术支持和培训等。

综合起来，信息管理组织的职能包括信息系统研发与管理、信息系统运行维护与管理、信息资源管理与服务和提高信息管理组织的有效性等四个方面。提高信息管理组织的有效性，即通过对信息管理组织的改进与变革，使信息管理组织高效率地实现信息系统的研究、开发与应用，信息系统的运行和维护，向信息资源使用者提供信息、技术支持和培训等服务，使信息管理组织以较低成本满足组织利益相关者的要求，实现信息管理组织目标，成为适应环境变化、具有积极的组织文化、组织内部及其成员之间相互协调、能够通过组织学习不断自我完善、与时俱进的组织。

（3）控制职能

信息管理的控制职能是指为了确保组织的信息管理目标以及为此而制订的信息管理计划能够顺利实现，信息管理者根据事先确定的标准或因发展需要而重新确定的标准，对信息工作进行衡量、测量和评价，并在出现偏差时进行纠正，以防止偏差继续发展或再度发生；或者根据组织内外环境的变化和组织发展的需要，在信息管理计划的执行过程中，对原计划进行修订或制订新的计划，并调整信息管理工作的部署。也就是说，控制工作一般分为两类：一类是纠正实际工作，减小实际工作结果与原有计划及标准的偏差，保证计划的顺利实施；另一类是纠正组织已经确定的目标及计划，使之适应组织内外环境的变化，从而减小实际工作结果与目标和计划的偏差。

信息管理的控制工作是每个信息管理者的职责。有些信息管理者常常忽略了这一点，认为实施控制主要是上层和中层管理者的职责，基层部门的控制就不需要了。其实，各层管理者只是负责的控制范围各不相同，但各个层次的管理者都负有执行计划、实施控制的职责。因此，所有信息管理者，包括基层管理者，都必须承担实施控制工作这一重要职责，尤其是协调和监督组织各部门的信息工作，保证信息获取的质量和信息利用的程度。

（4）领导职能

信息管理的领导职能指的是信息管理领导者对组织内所有成员的信息行为进行指导或引导以及施加影响，使成员能够自觉自愿地为实现组织的信息管理目标而工作的过程。其主要作用，就是要使信息管理组织成员更有效、更协调地工作，发挥自己的潜力，从而实现信息管理组织的目标。信息管理的领导职能不是独立存在的，它贯穿于信息管理的全过程，贯穿于计划、组织和控制等职能之中。具体来说，信息管理的领导职能包括以下内容。

①参与高层管理决策，为决策层提供解决全局性问题的信息和建议。

②负责制定组织信息政策和信息基础标准，使组织信息资源的开发和利用策略与管理策略保持高度一致。信息基础标准涉及信息分类标准、代码设计标准、数据库设计标准等。

③负责组织开发和管理信息系统，对于已经建立计算机信息系统的组织，信息管理领导者必须负责领导信息系统的维护、设备维修和管理等工作，对于未建立计算机信息系统的组织，信息管理领导者必须负责组织制订信息系统建设战略规划、决策外包开发还是自主开发信息系统、在组织内推广应用信息系统以及信息系统投运后的维护和管理等。

④负责协调和监督组织各部门的信息工作。

⑤负责收集、提供和管理组织的内部活动信息、外部相关信息和未来预测信息。

4. 信息管理的目标

信息管理的目标就是将信息资源与信息活动相关方（个人、组织、社会）联系起来，科学地管理信息资源，最大限度地满足信息用户的信息需求。具体来说，主要有以下三方面。

（1）开发信息资源，提供信息服务

在人类社会发展的历史长河中，人们不断认识自然、改造社会，形成了越来越深厚的信息"沉淀"。信息既不会自发形成资源，也不会自动创造财富，更不能无条件地转移权利。没有组织或不加控制的信息不仅不是资源，而且可能构成一种严重的妨害。因此，信息真正成为资源的必要条件是有效的信息管理，即通过对信息的收集、整理、组织、分析等过程，将分散的、无序的信息加工为系统的、有序的信息流，并通过各种方式向人们提供信息服务，从而发挥信息的效用。只有经过组织管理的信息才能成为一种资源。没有信息管理，信息资源就不可能得到充分、有效的开发利用。

（2）合理配置信息资源，满足社会信息需求

和其他资源一样，信息资源也存在着相对稀缺与分布不均衡等问题。由于信息资源一般分散在社会各领域和各部门，较难集中，信息资源拥有者的利益关系如果没有合理、有效的制度来加以协调，信息交流与资源共享就会遇到种种障碍。有许多因素导致信息资源拥有者易产生信息垄断倾向，而人们又往往要求自由、免费地获取信息。因此，信息管理就是要在信息资源拥有者、开发者、传播者和利用者之间寻找利益平衡点，建立公平合理的信息产品生产、分配、交换、消费机制，优化信息资源的体系结构，使各种信息资源都能得到最优分配与充分利用，从而最大限度地满足全社会的信息需求。

（3）推动信息产业、信息经济的发展，促进社会信息化水平的提高

随着信息技术的飞速发展和社会信息活动规模的不断扩大，社会信息现象越来越复杂，信息环境问题也越来越突出。为此，人们对信息管理提出了越来越高的要求，使得信息管理活动逐渐演化成一项独立的社会事业，成为信息产业、信息经济的一个重要组成部分。并且，作为信息产业、信息经济中最活跃、最主动的因素之一，信息管理在制定信息产业、信息经济的发展战略，贯彻实施信息产业、信息经济政策和相关法规，处理和调控信息产业、信息经济发展过程中出现的各种矛盾和问题等方面都必将发挥越来越重要的作用。信息产业、信息经济的发展为社会信息化水平的持续提高奠定了坚实的基础。

（二）建筑工程项目信息管理具体分析

1. 建筑工程项目信息

（1）建筑工程项目信息的范围

建筑工程项目信息包括在项目决策过程、实施过程（设计准备、设计、施工和物资采购过程等）和运行过程中产生的信息，以及其他与项目建设相关的信息。

（2）建筑工程项目信息的分类

建筑工程项目所涉及的信息类型广泛，信息量相当大，形式多样。建筑工程项目信息可以按照信息的单一属性进行分类，也可以按照两个或两个以上信息属性进行综合分类。

①单一信息属性分类

A. 按信息的内容属性，可以将工程项目信息分为组织类信息、管理类信息、经济类信息、技术类信息。

B. 按项目建造的过程分类，包括项目策划信息、立项信息、设计准备信息、勘察设计信息、招投标信息、施工信息、竣工验收信息、交付使用信息、运营信息等。

C. 按项目管理职能划分，可以分为进度控制信息、质量控制信息、投资控制信息、

安全控制信息、合同管理信息、行政事务信息等。

D. 按照工程项目信息来源划分，可以分为工程项目内部信息和工程项目外部信息。

E. 工程项目信息的形式来看，可以将工程项目信息分为数字类信息、文本类信息、报表类信息、图像类信息、声像类信息等。

②多属性综合分类

为了满足项目管理工作的要求，须对工程项目的信息进行多维组合分类，即将多种分类进行组合，形成综合分类，如下。

第一维：按项目的分解结构分类。

第二维：按项目建造过程分类。

第三维：按项目管理工作的任务分类。

2. 建筑工程项目信息管理分析

（1）建筑工程项目信息管理的概念

建筑工程项目信息管理主要是指对有关建筑工程项目的各类信息的收集、储存、加工整理、传递与使用等一系列工作的合理组织和控制。

因此，建筑工程项目信息管理反映了在建筑工程项目决策和实施过程中组织内外部联系的各种信息和知识。

（2）建筑工程项目信息管理的原则

为了便于信息的搜集、处理、储存、传递和利用，在进行建筑工程项目信息管理的具体工作时，应遵循以下基本原则。

①系统性原则

建筑工程项目管理信息化是一项系统工程，是对建筑工程项目管理理念、方法和手段的深刻变革，而不是工程管理相关软件的简单应用。建筑工程项目信息管理的成功与否，受项目的组织、系统的适用性、业主或业主的上级组织的推广力度等方面因素的影响。因此，应将实施建筑工程项目管理信息化上升到战略性的高度，并有目标、有规划、有步骤地进行。

②标准化原则

在建筑工程项目的实施过程中，建立健全信息管理制度，不仅从组织上保证信息生产过程的效率，并对有关建筑工程项目信息的分类进行统一，对信息流程进行规范，将工程报表格式化和标准化。

③定量化原则

建筑工程项目信息是经过信息处理人员采用定量技术进行比较和分析的结果，并不是项目实施建造过程中产生数据的简单记录。

④有效性原则

建筑工程项目管理者所处的层次不同，所需要的项目管理信息不同。因此，需要针对不同的管理层提供不同要求和浓缩程度的信息。

⑤可预见性原则

建筑工程项目产生的信息作为项目实施的历史数据，可以用来预测未来的情况，通过先进的方法和工具为决策者制定未来目标和规划。

⑥高效处理原则

通过采用先进的信息处理工具，尽量缩短信息在处理过程中的延迟，而项目信息管理者的主要精力应放在对处理结果的分析和控制措施的制定上。

（3）建筑工程项目信息管理的基本要求

为了全面、及时、准确地向项目管理人员提供相关信息，建筑工程项目信息管理应满足以下四方面的基本要求。

①时效性

建筑工程项目信息如果不严格注意时间，那么信息的价值就会随之消失。因此，要严格保证信息的时效性，并从以下四方面进行解决。

A. 迅速且有效地收集和传递工程项目信息。

B. 快速处理"口径不一、参差不齐"的工程项目信息。

C. 在较短的时间内将各项信息加工整理成符合目的和要求的信息。

D. 采用更多的自动化处理仪器和手段，自动获取工程项目信息。

②针对性和适用性

根据建筑工程项目的需要，提供针对性强、适用的信息，供项目管理者进行快速有效的决策。因此，应采取如下措施加强信息的针对性和适用性。

A. 对搜集到的大量庞杂信息，运用数理统计等方法进行统计分析，找出影响重大的因素，并力求给予定性和定量的描述。

B. 将过去和现在、内部和外部、计划与实施等的信息进行对比分析，从而判断当前的情况和发展趋势。

C. 获取适当的预测和决策支持信息，使之更好地为管理决策服务。

③准确可靠

建筑工程项目信息应满足工程项目管理人员的使用要求，必须反映实际情况且准确可靠。工程项目信息的准确可靠体现在以下两个方面。

A. 各种工程文件、报表、报告要实事求是，反映客观现实。

B. 各种计划、指令、决策要以实际情况为基础。

④简明、便于理解

建筑工程项目信息要让使用者易于了解情况，分析问题。所以，信息的表达形式应符合人们日常接收信息的习惯，而且对于不同的人，应有不同的表达形式。例如，对于不懂专业、不懂项目管理的业主，则需要采用更加直观明了的表达形式，如模型、表格、图形、文字描述等。

二、建筑工程项目信息管理内容

（一）建筑工程项目信息管理的主要内容

建筑工程项目信息管理的内容包括建立信息的分类编码系统、明确信息流程和进行信息处理。

1. 信息分类编码

（1）信息分类编码的概念

在信息分类的基础上，可以对项目信息进行编码。信息编码是将事物或概念（编码对象）赋予一定规律性的、易于计算机和人识别与处理的符号。它具有标识、分类、排序等基本功能。项目信息编码是项目信息分类体系的体现。

（2）建筑工程信息编码的基本原则

①唯一性

虽然一个编码对象可有多个名称，也可按不同方式进行描述，但是，在一个分类编码标准中，每个编码对象仅有一个代码，每一个代码表示唯一一个编码对象。

②合理性

项目信息编码结构应与项目信息分类体系相适应。

③可扩充性

项目信息编码必须留有适当的后备容量，以便适应不断扩充的需要。

④简单性

项目信息编码结构应尽量简单，长度尽量短，以提高信息处理的效率。

⑤适用性

项目信息编码应能反映项目信息对象的特点，便于记忆和使用。

⑥规范性

在同一项目的信息编码标准中，代码的类型、结构及编写格式都必须统一。

2. 明确建筑工程项目信息流程

信息流程反映了工程项目上各有关单位及人员之间的关系。显然，信息流程畅通，将给工程项目信息管理工作带来很大的方便和好处。相反，信息流程混乱，信息管理工作是无法进行的。为了保证工程项目管理工作的顺利进行，必须使信息在施工管理的上下级之间、有关单位之间和外部环境之间流动，这称为"信息流"。信息流不是信息，而是信息流通的渠道。在施工项目管理中，通常接触到的信息流有以下几个方面。

（1）管理系统的纵向信息流

包括由上层下达到基层，或由基层反映到上层的各种信息，既可以是命令、指示、通知等，也可以是报表、原始记录数据、统计资料和情况报告等。

（2）管理系统的横向信息流

包括同一层次、各工作部门之间的信息关系。有了横向信息，各部门之间就能做到分工协作，共同完成目标。许多事例表明，在建筑工程项目管理中往往由于横向信息不通畅而造成进度拖延。例如，材料供应部门不了解工程部门的安排，造成供应工作与施工需要脱节，因此加强横向信息交流十分重要。

（3）外部系统的信息流

外部系统的信息流包括同建筑工程项目上其他有关单位及外部环境之间的信息关系。

上述三种信息流都应有明晰的流线，并保持畅通。否则，建筑工程项目管理人员将无法得到必要的信息，就会失去控制的基础、决策的依据和协调的媒介。

3. 建筑工程项目管理中的信息处理

在工程项目实施过程中，所发生并经过收集和整理的信息、资料的内容和数量相当多，可能随时需要使用其中的某些资料，为了便于管理和使用，必须对所收集到的信息、资料进行处理。

（1）信息处理的要求

要使信息能有效地发挥作用，在处理过程中必须及时、准确、适用、经济。

①及时

及时就是信息的处理速度要快，要能够及时处理完对施工项目进行动态管理所需要的大量信息。

②准确

准确就是在信息处理的过程中，必须做到去伪存真，使经处理后的信息能客观、如实地反映实际情况。

③适用

适用就是经处理后的信息必须能满足施工项目管理工作的实际需要。

④经济

经济就是指信息处理采取什么样的方式，才能达到取得最大的经济效果的目的。

（2）信息处理的基本环节

信息的处理一般包括信息的收集、传递、加工、存储、分发和检索六个基本环节。

①收集

收集就是收集工程项目中与管理有关的各种原始信息，这是一项很重要的基础工作，信息处理的质量好坏，在很大程度上取决于原始数据的全面性和可靠性。因此，建立一套完善的信息收集制度是极其必要的。一般而言，信息收集制度中应包括信息来源、要收集的信息内容、标准、时间要求、传递途径、反馈的范围、责任人员的工作职责、工作程序等有关内容。

②加工

加工就是把工程建设得到的数据和信息进行鉴别、选择、核对、合并、排序、更新、计算、汇总、转储，生成满足不同需要的数据和信息，供各类管理人员使用。

③传递

传递就是指信息借助于一定的载体（如纸张、胶片、磁带、软盘、光盘、计算机网络等），在参与建筑工程项目管理工作的各部门、各单位之间进行传播。通过传递，形成各种信息流，畅通的信息流会不断地将有关信息传送到项目管理人员的手中，成为他们开展工作的依据。

④存储

存储是指对处理后的信息的存储。处理后的信息，有的并非立即使用，有的虽然立即使用，但日后还需使用或做参考，因此就需要将它们存储起来，建立档案，妥为保管。

信息的存储一般需要建立统一的数据库，各类数据以文件的形式组织在一起，组织的方法一般由单位自定，但要考虑规范化。

⑤分发和检索

在对收集的数据进行分类加工处理产生信息后，要及时提供给需要使用数据和信息的部门，信息和数据要根据需要来分发，信息和数据的检索则要建立必要的分级管理制度，一般由使用软件来保证实现数据和信息的分发和检索，关键是要决定分发和检索的原则。

分发和检索的原则是：部门和使用人有权在第一时间方便地得到所需要的、以规定形式提供的一切信息和数据，而保证不向不该知道的部门（人）提供任何信息和数据。

（二）建筑工程项目信息管理的流程

一般情况下，项目信息的处理程序可分为三个阶段，也就是建筑工程项目施工之前、建筑工程项目施工期间以及完工后的建档阶段。在不同阶段，建筑工程项目信息管理的内容并不完全相同。具体来说，不同阶段的内容主要包括以下三方面。

1. 建筑工程项目施工前

在该阶段，项目施工管理人员会将诸如建筑设计、结构设计等诸多内容转换为施工信息。换句话说，在该阶段，设计单位会将建筑施工设计的相关资料交给承包商，资料包括工程图文件等，如果单纯地拿到工程图文件，建筑施工人员是难以将工程建设出来的，所以，承包商必须在工程建设之前也就是施工前将所有的图纸转变为数据，以此来满足工程建设人员的施工需求。

2. 建筑工程项目施工期间

该阶段的信息管理工作涵盖范围非常广泛，包括实现设计单位和承包商之间的信息传递，以及对建筑工程项目执行情况的记录。建筑工程项目信息管理在该阶段的主要任务就是为管理者的工程项目管理提供必要的数据支持，这样做，能够使管理者更好地实现质量控制、成本控制、进度控制，保障建设工程项目的顺利开展。

3. 完工后的建档阶段

该阶段的信息管理主要是为了给业主后续设施营运与维护提供必要的依据，这样做能够有效提高建设工程项目的生产绩效。如果深入挖掘该阶段的信息主要来源，不难发现，原有的工程图文件以及合约文件才是信息的主要来源，由此可见，信息的内容应当以工程图文件以及合约文件的内容为主要内容。

在建筑工程项目的实施过程中，管理人员除了要处理原始设计图文件以及合约文件外，还要着重注意以满足建筑施工需求为主要目的，为其提供必要的图文数据，并在此基础上实现参与团队之间的信息交换以及信息传递，从而保障建筑工程项目的顺利完成。

三、建筑工程项目信息管理系统

（一）信息管理系统

1. 信息管理系统的概念

（1）信息管理系统的定义

信息管理系统是一个由人、计算机及其他外围设备等组成的能进行信息的收集、传递、存贮、加工、维护和使用的系统。

它是一门新兴的科学，其主要任务是最大限度地利用现代计算机及网络通信技术加强企业的信息管理，通过对企业拥有的人力、物力、财力、设备、技术等资源的调查了解，建立正确的数据，加工处理并编制成各种信息资料及时提供给管理人员，以便进行正确的决策，不断提高企业的管理水平和经济效益。企业的计算机网络已成为企业进行技术改造及提高企业管理水平的重要手段。

（2）信息管理系统（MIS）的内容

一个完整的信息管理系统应包括：辅助决策系统（DSS）、工业控制系统（CCS）、办公自动化系统（OA）以及数据库、模型库、方法库、知识库和与上级机关及外界交换信息的接口。其中，特别是办公自动化系统、与上级机关及外界交换信息等都离不开Intranet（企业内部网）的应用。可以这样说，现代企业MIS不能没有Intranet，但Intranet的建立又必须依赖于MIS的体系结构和软硬件环境。

传统的信息管理系统的核心是CS（Client/Server，客户端/服务器）架构，而基于Internet的MIS系统的核心是BS（Browser/Server，浏览器/服务器）架构。BS架构比起CS架构有着很大的优越性，传统的信息系统依赖于专门的操作环境，这意味着操作者的活动空间受到极大限制；而BS架构则不需要专门的操作环境，在任何地方，只要能上网，就能够操作信息系统，这其中的优劣差别是不言而喻的。

2. 信息管理系统的结构

信息管理系统的结构是指信息管理系统内部各组成要素之间相对稳定的分布状态、排列顺序和作用方式。它既可以是逻辑结构，也可以是物理结构。

（1）信息管理系统的逻辑结构

从信息资源管理的观点出发，信息管理系统的逻辑结构一般由信息源、信息处理器、信息使用者和信息管理者四大部分构成。

信息源泛指各类原始数据，是信息管理系统的基本收集对象；信息处理器承担信息的加工、存储、检索和传输等任务；信息使用者是信息管理系统服务的对象，他利用信息管理系统提供的信息进行决策和选择；信息管理者负责信息管理系统的设计实现，在实现以后，负责信息管理系统的运行和协调。

（2）信息管理系统的物理结构

①基础部分

基础部分由组织制度、信息存储、硬件系统、软件系统组成。由于信息管理系统是人机系统，因此必须有合理的组织机构、人员分工、管理方法和规章制度等一套管理机制。

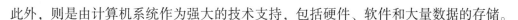

此外，则是由计算机系统作为强大的技术支持，包括硬件、软件和大量数据的存储。

②功能部分

功能部分是针对组织的各项业务而建立的信息处理系统，对企业而言，它可能包括质量、产品销售、经营管理、生产管理、财务会计等方面。

3. 信息管理系统的功能

（1）数据的收集和输入的功能

信息管理系统的输入功能取决于系统所要达到的目标、系统的能力和信息环境的许可。首先将分散在各处的数据收集记录下来，按信息管理系统要求的格式和形式进行整理，把数据录入在一定的介质（如纸张、卡片、磁带、软盘等）上并经校验后，即可输入信息管理系统进行处理。在实时处理中，可以通过数据收集器、光笔阅读器和键盘，及时地输入随时发生的数据。但在多数情况下，数据的收集和整理工作由人工来承担。信息管理系统的输入还应具有不断适应信息环境变化的特点，即它所收集的数据的载体、内容、数量、时限以及收集的方法、速度都与其所属的组织的目标、需求、人力、财力和技术条件密切相关。

（2）数据的处理功能

对收集输入的大量数据资料，需要及时进行加工处理，才能提供利用。信息管理系统对数据资料的处理主要是通过分类、标引、排序、合并、计算使数据有序化和浓缩化，使之成为信息、知识和情报，存入相应的文档中，以便在需要时向用户提供。为了减少不必要的劳动，提高工作效率，信息管理系统一般是将分散的处理业务集中统一进行。传统的数据处理方式以手工为主，但在今天已经难以满足实际应用的需要。随着人工智能和专家系统技术的发展，一些功能很强的数据处理软件系统已经研制成功，并投入实际应用。信息处理过程的自动化大大提高了信息管理系统对数据的处理能力和效果。

（3）数据的传输功能

数据的传输功能实际上就是数据通信，包括在信息管理系统内部和外部的数据传输，是信息管理系统处理和存储数据、信息的需要。这一功能的实现主要是以计算机为中心，通过通信线路与近程终端或远程终端进行连接，形成网络或联机系统；或者通过通信线路将中、小、微型机联网，形成分布式系统或网络。在信息管理系统中存储着大量的人工数据、资料传输过程，这些数据、资料以各种文献、单据、报表、计划等形式进行传递。

现代互联网的发展给数据、信息的传输带来了极大的方便。进入网络的各个不同系统之间、不同机构之间都可以方便地进行数据传输。当各子系统之间，或具有隶属关系的上下级之间、具有合作关系的各机构之间还未联网时，常常在统一机型及统一数据输入、记录格式的前提下，采用移动存储传输所需要的数据资料。数据传输也包括数据的输入和输出，但它只是信息管理系统处理过程的中间环节，而不是提供给用户利用。

（4）数据和信息的存储功能

信息管理系统的存储功能既包括数据存储，也包括信息存储。当原始数据和资料输入信息系统后，首先需要将其存储起来，以便多次使用，并在多个处理环节和过程中实现数据资料共享。数据经过加工整理或成为信息之后，更需要将其存储在适当的内外存储器上，以便在用户需要时提供利用。信息系统的存储功能既与输入直接相关，又与输出密切相关，前者决定系统存储什么样的数据、存储多少，后者决定系统应当存储什么样的信息才能满足用户需求。

（5）信息的输出功能

输入信息管理系统的数据经过加工处理后存储起来，可根据不同的需要，以不同的形式和格式输出以供利用。信息管理系统的输出有中间输出和最终输出，前者指输出的信息或数据供计算机和其他系统进一步处理，后者则指输出的信息或数据直接面向用户。信息管理系统对外界的影响和产生的效益，还有用户对信息管理系统的满意程度，都是通过输出的信息来体现的，因而信息管理系统的输入功能十分重要。信息管理系统的输出功能、处理功能、传输功能、存储功能都是根据输出功能来确定并进行调整的。

（6）信息管理系统的控制功能

为了保证信息管理系统的各项功能连续、均匀地进行，并有效发挥作用，系统还必须具有控制功能。信息管理系统的控制功能体现在两个方面。

①对构成系统的各种信息处理设备，如计算机、通信网，以及人员等进行控制和管理。

②对整个信息的加工、处理、传输、输出等环节通过各种程序进行控制。

信息管理系统的控制过程是多变量、多因素、复杂的动态过程，为了实现有效控制，必须时刻掌握系统预期要达到的状态和实际状态，不断使实际状态与程序规定的状态保持一致。为此，必须不断根据反馈信息进行调整。通过控制功能的作用，使信息系统的输入、处理、传输、存储、输出等各项功能最佳化，从而使整个信息系统运行最佳化。

4. 信息管理系统的一般类型

（1）办公自动化系统

提供有效的方式处理个人和组织的业务数据，进行计算并生成文件。

（2）通信系统

帮助人们协同工作，以多种不同形式交流并共享信息。

（3）交易处理系统

收集和存储交易信息并对交易过程的一些方面进行控制。

（4）管理信息系统和执行信息系统

将数据转换成信息以监控绩效和管理组织，以可接收的形式向执行者提供信息。

（5）决策支持系统

通过提供信息、模型和分析工具来帮助管理者制定决策。

（6）企业系统

产生并维持一致的数据处理方法以及跨多种企业职能的集成数据库。

（二）建筑工程项目管理信息系统

1. 建筑工程项目管理信息系统的内容

（1）建立信息代码系统

信息是工程建设三大监控目标实现的基础，是监理决策的依据，是各方单位之间关系连接的纽带，是监理工程师做好协调组织工作的重要媒介。把各类信息按信息管理的要求分门别类，并赋予能反映其主要特征的代码，代码应该符合唯一化、规范化、系统化、标准化的要求，方便施工信息的存储、检索和使用，以便利用计算机进行管理。代码体系结构应易于理解和掌握，科学合理、结构清晰、层次分明、易于扩充，能够满足建筑工程项目管理需要。

（2）明确建筑工程项目管理中的信息流程

根据建筑工程项目管理工作的要求和对项目组织结构、业务功能及流程的分析，建立各单位及人员之间、上下级之间、内外之间的信息连接，并要保持纵横内外信息流动的渠道畅通有序，否则建筑工程项目管理人员无法及时得到必要的信息，就会失去控制的基础、决策的依据和协调的媒介，从而影响工程项目管理工作顺利进行。

（3）建立建筑工程项目管理中的信息收集制度

建筑工程项目信息管理应适应项目管理的需要，为预测未来和正确决策提供依据，提高管理水平。相关工作部门应负责收集、整理、管理项目范围内的信息，并将信息准确、完整地传递给使用单位和人员。实行总分包的项目，项目分包人应负责分包范围内的信息收集整理，承包人负责汇总、整理各分包人的全部信息。经签字确认的项目信息应及时存入计算机。项目信息管理系统必须目录完整、层次清晰、结构严密、表格自动生成。

（4）建立建筑工程项目管理中的信息处理

信息处理的过程，主要包括信息的获取、储存、加工、发布和表示。

2. 建筑项目信息管理系统结构的基本要求

第一，进行项目信息管理体系的设计时，应该同时考虑项目组织和项目启动的需要，包括信息的准备、收集、编目、分类、整理和归档等。信息应当包括事件发生时的条件，搜集内容应包括必要的录像、摄影、音响等信息资料，重要部分刻盘保存，以便使用前核查其有效性、真实性、可靠性、准确性和完整性。

第二，项目信息管理系统应方便项目信息输入、整理与存储，并利于用户随时提取信息、调整数据、表格与文档，能灵活补充、修改与删除数据。

第三，项目信息管理系统应能使各种施工项目信息有良好的接口，系统内含信息种类与数量满足项目管理的全部需要。

第四，项目信息管理系统应能连接项目经理部内部各职能部门之间以及项目经理部与各职能部门、作业层、企业各职能部门、企业法定代表人、发包人和分包人、监理机构等，通过建立企业内部的信息库和网络平台，各项目监理机构之间通过网络平台确保信息畅通、资源共享。

信息是工程建设三大监控目标实现的基础，是监理决策的依据，是各方单位之间关系的纽带，是监理工程师做好协调组织工作的重要媒介。信息管理是工程建设监理中的重要组成部分，是确保质量、进度、投资控制有效进行的有力手段。建筑工程既涉及众多的土建承包商、材料供货单位、业主、管理单位，也涉及政府各个相关部门，相互之间的联系、函件、报表、文件的数量是惊人的。因此，必须建立有效的信息管理组织、程序和方法，及时把握有关项目的相关信息，确保信息资料收集的真实性，确保信息传递途径顺畅、查阅简便、资料齐备等，使业主在整个项目进行过程中能够及时得到各种管理信息。全面、细致、准确地掌握与控制项目执行情况，才能有效提高各方的工作效率，减轻工作强度，提高工作质量。

3. 信息管理系统的作用

第一，为各层次、各部门的项目管理人员提供收集、传递、处理、存储和开发各类数据和信息的服务。

第二，为高层次的项目管理人员提供决策所需的信息、手段、模型和决策支持。

第三，为中层的项目管理人员提供必要的办公自动化手段。

第四，为项目计划编制人员提供人、财、物、设备等诸要素的综合性数据。

4. 建立项目管理信息系统的内部前提

满足项目管理的需要，建立科学的信息系统，其前提条件之一是建立科学合理的项目管理组织，建立科学的管理制度，这是根本前提之一。具体来说，它有如下含义。

第一，项目管理的组织内部职能分工明确化，岗位责任明确化，从组织上保证信息传送流畅。

第二，日常业务标准化，把管理中重复出现的业务，按照部门功能的客观要求和管理人员的长期经验，规定成标准的工作程序和工作方法，用制度把它们固定下来，成为行动的准则。

第三，设计一套完整统一的报表格式，避免各部门自行其是所造成的报表泛滥。

第四，历史数据应尽量完整，并进行编码整理。

5. 建筑工程项目信息管理系统的功能

项目管理信息系统应该实现的基本功能主要有：投资控制（业主方）或成本控制（施工方）、进度控制、质量控制、合同管理，有些项目管理信息系统还包括一些办公自动化的功能。

（1）投资控制

投资控制的功能主要包括：

①项目的估算、概算、预算、标底、合同价、投资使用计划和实际投资的数据计算和分析。

②进行项目的估算、概算、预算、标底、合同价、投资使用计划和实际投资的动态比较（如概算和预算的比较、概算和标底的比较、概算和合同价的比较、预算和合同价的比较等），并形成各种比较报表。

③计划资金投入和实际资金投入的比较分析。

④根据工程的进展进行投资预测。

⑤提供多种（不同管理平面）项目投资报表。

（2）成本控制

成本控制的功能主要包括：

①投标估算的数据计算和分析。

②计划施工成本。

③计算实际成本。

④计划成本与实际成本的比较分析。

⑤根据工程的进展进行施工成本预测。

⑥提供各种成本控制报表。

（3）进度控制

进度控制的功能包括：

①计算工程网络计划的时间参数，并确定关键工作和关键路线。

②绘制网络图和计划横道图。

③编制资源需求量计划。

④进度计划执行情况的比较分析。

⑤根据工程的进展进行工程进度预测。

⑥提供多种（不同管理平面）工程进度报表。

（4）质量控制

质量控制的功能主要包括：

①项目建设的质量要求和质量标准的制定。

②分项工程、分部工程和单位工程的验收记录和统计分析。

③工程材料验收记录（包括机电设备的设计质量、建造质量、开箱检验情况、资料质量、安装调试质量、试运行质量、验收及索赔情况）。

④工程涉及的质量鉴定记录。

⑤安全事故的处理记录。

⑥提供多种工程质量报表。

（5）合同管理

合同管理的功能主要包括如下几项：

①合同基本数据查询。

②合同执行情况的查询和统计分析。

③标准合同文本查询和合同辅助起草。

④提供各种合同管理报表。

（三）建筑工程项目信息决策支持系统

1. 决策问题的分类

决策支持系统解决的问题分为非结构化决策问题、半结构化决策问题和结构化决策问题。

（1）非结构化决策问题

非结构化决策问题主要是指决策过程复杂，制订决策方案前难以准确识别决策过程的各个方面，以及决策过程中前后各阶段交叉、反复、循环的问题。对非结构化的问题，一般没有确定的决策规则，也没有决策模型可依，主要依靠决策者的经验。

（2）结构化决策问题

结构化决策是有确定的决策规则和可供选择的模型，是一种确定型的决策，决策方案都是已知的，决策者借助计算机仅是提高了工作效率，决策时可以依靠决策树及决策表加以解决，这类问题的决策比较容易实现。

（3）半结构化决策问题

半结构化决策是介于结构化决策及非结构化决策之间的决策。这类问题可以加以分析，但是不够确切，有决策规则但不完整，决策后果可以估计但不肯定，决策者本人对目标尚不明确，也无定量标准，所需信息也不完全、不确切，对事物的客观规律认识不足，因而无法准确描述问题。

2. 决策支持系统的功能

（1）识别问题

判断问题的合法性，发现问题及问题的含义。

（2）建立模型

建立描述问题的模型，通过模型库找到相关的标准模型或使用者在该问题基础上输入的新建模型。

（3）分析处理

按数据库提供的数据或信息，按模型库提供的模型及知识库提供的处理这些问题的相关知识及处理方法分析处理。

（4）模拟及择优

通过过程模拟找到决策的预期结果及多方案中的优化方案。

（5）人机对话

提供人与计算机之间的交互，回答决策支持系统要求输入的补充信息及决策者的主观要求。同时，也输出决策者需要的决策方案及查询要求，以便作为最终决策时的参考。

（6）决策修改

按决策者最终决策执行结果修改、补充模型库及知识库。

3. 决策支持系统的组成

（1）人机对话系统

人机对话系统主要是人与计算机之间交互的系统，把人们的问题变成抽象的符号，描述所要解决的问题，并把处理的结果变成人们所能接受的语言输出。

（2）模型库管理系统

模型库需要一个存储模型的库及相应的管理系统。模型则有专用模型和通用模型，提供业务性、战术性、战略性决策所需要的各种模型，同时也能随实际情况变化、修改、更新已有模型。

（3）数据库管理系统

决策支持系统是基于数据库系统的，并且对数据库要求更高，要求数据有多重来源，并经过必要的分类、归并，改变精度、数据量及一定的处理以提高信息含量。

（4）知识库管理系统

知识库是人工智能的产物，主要提供问题求解的能力，知识库中的知识是可以共享的、独立的、系统的，并可以通过学习、授予等方法扩充及更新。

（5）问题处理系统

问题处理系统是实际完成知识、数据、模型、方法的综合，并输出决策所必要的意见及方案。

四、建筑工程项目管理的信息化

（一）信息化

1. 信息化的概念

"信息化"涉及各个领域，是一个外延很广的概念，不同领域和行业的研究人员在研究"信息化"问题时，往往具有不同的研究角度和出发点，致使"信息化"概念内涵的表述不尽一致。具有代表性的认识有下列八种。

（1）信息化主要是指以计算机技术为核心来生产、获取、处理、存储和利用信息。换句话说，信息化就是计算机化，或者再加上通信化。

（2）信息化就是知识化，即人们受教育程度的提高以及由此而引起的知识信息的生产率和吸收率的提高过程。

（3）信息化就是要在人类社会的经济、文化和社会生活的各个领域中广泛而普遍地采用信息技术。

（4）信息化是通信现代化、计算机化和行为合理性的总称。通信现代化是指社会活动中的信息流动是基于现代化通信技术进行的过程；计算机化是社会组织内部和组织间信息生产、存储、处理、传递等广泛采用先进计算机技术和设备进行管理的过程；行为合理性是指人类活动按公认的合理准则与规范进行。

（5）信息化是指从事信息获取、传输、处理和提供信息的部门与各部门的信息活动（包括信息的生产、传播和利用）的规模相对扩大及其在国民经济和社会发展中的作用相对增大，最终超过农业、工业、服务业的全过程。

（6）信息化在经济学意义上指由于社会生产力和社会分工的发展，信息部门和信息生产在社会再生产过程中占据越来越重要的地位、发挥越来越重大的作用这种社会经济的变化。

（7）信息化即信息资源（包括知识）的空前普遍和空前高效率的开发、加工、传播和利用，使人类的体力劳动和智力劳动获得空前的解放。

（8）信息化是利用信息技术实现比较充分的信息资源共享，以解决社会和经济发展中出现的各种问题。

2. 信息化的特点

信息化不是一个静止、孤立的概念，它的内涵和特点在不同的历史发展阶段有不同的表现，信息化与信息技术的发展、信息产业的形成、信息产品的涌现、信息市场的完善、信息系统的建设以及信息化社会的出现等现象密不可分。

（1）信息资源日益成为战略资源

信息资源是信息化的基础，开发利用信息资源是信息化的核心内容。随着社会、经济和科学技术的发展，社会信息量不仅急剧增长，而且成为现代社会发展的重要支柱和战略资源。

（2）信息技术的发展速度超过了其他任何一类科学技术

信息技术主要是指信息处理技术和信息传输技术。其中计算机技术和通信技术为现代信息技术的核心技术，而微电子技术和信息材料技术则为现代信息技术的支撑和基础技术。

（3）信息产业崛起壮大

随着信息技术的发展和社会经济需求的增长，以信息技术为依托、以生产和提供信息产品和信息服务为主业的新兴的信息产业迅速崛起，不断发展壮大，这是全球信息化的一个突出特点。

（二）建筑工程项目管理信息化基础理论

1. 建筑工程管理信息化的含义

建筑工程管理信息化指的是工程管理信息资源的开发和利用，以及信息技术在工程管理中的开发和应用。工程管理信息化属于领域信息化的范畴，它和企业信息化也有联系。

我国建筑业和基本建设领域应用信息技术与工业发达国家相比，尚存在较大的数字鸿沟，它反映在信息技术在工程管理中应用的观念上，也反映在有关的知识管理上，还反映在有关技术的应用方面。

信息技术在工程管理中的开发和应用，包括在项目决策阶段的开发管理、实施阶段的项目管理和使用阶段的设施管理中开发和应用信息技术。

2. 建筑工程管理信息化的意义

（1）有助于提升工作效率

建筑行业在经济发展的过程当中得到了大幅进步，建筑工程逐渐向着多元化、规模化方向发展，这就导致建筑工程管理涉及的内容越来越多。例如，对于工程的进度管理、安全管理以及质量管理等，都包含很多内容，信息量非常大。如果以传统的管理措施对建筑工程各个项目、各个环节进行管理控制，庞大的工作量以及繁重的管理任务势必会影响管理效率的发挥。在新时期，有效应用信息计划，把管理工作通过信息技术来进行，管理工作就能够变得高效、便捷。在建筑工程管理过程中，使用信息化技术，能够促进建筑工程管理朝着科学化以及系统化方向发展。

（2）重新优化管理程序，完善管理系统

信息化需要以精细化管理作为重要基础来进行，这就需要对管理流程进行重新构建，优化资源配置，完善管理流程，进而使管理工作更加科学。建筑工程信息化管理，能够为完善的信息系统构建奠定坚实基础，呈现出良好的管理效果，完善管理系统，提高企业信息化管理水平，进而提升企业竞争实力，促进建筑企业的可持续发展与长远进步。

（三）建筑工程项目信息化建设

1. 提高对信息化管理的认识

建筑工程管理人员，甚至是相关领导对信息化管理认识模糊肤浅，不了解建筑工程管理信息化对自身的重要性，会直接影响建筑工程信息化管理的发展。所以，若要加强建筑工程管理信息化建设，首先应当提高建筑工程管理人员对信息化的认知，使其充分了解建筑工程管理信息化建设可以将许多有价值的信息进行综合，便于管理决策及建筑工程项目运作过程中各个环节的实施。

只有提高建筑工程管理人员对信息化的认识，才能够促使其运用计算机等信息技术方法提高建筑工程管理的水平和效率。建筑工程企业的领导也应当更新观念，充分认识到只有抓好建筑工程管理信息化建设，才能够提高建筑工程管理的工作效率。企业应该争取给予政策、资金、技术方面的支持，与专业的公司共同努力开发出方便实用的管理软件，充分协调网络建设步伐，满足建筑工程管理人员的需求。

2. 构建工程管理信息化系统平台

工程管理信息化系统平台，主要是指在建筑项目施工现场建立的项目工程部、施工单位、监理单位和勘察设计院为代表的计算机局域网络和连接上级领导部门、兄弟单位以及互联网的广域网，以此来确保各个参与建筑工程的单位之间、上下级之间实现信息的传输和共享，从而提高管理的效率。

管理信息化平台可以帮助实现建筑企业管理的信息化、规范化、流程化、现代化。该系统应当包括建筑设计、施工、制造、安装、调试、运营等过程，涉及办公、合同、财务、设备、物资、计划等环节，是一个需要企业各个部门密切配合的系统工程。工程管理信息化系统的建设相对复杂，并具有相应的难度，建筑企业应根据建筑工程管理的需求，提出整体的框架，在整体的框架下，解决各部门具体的需求，选用对建筑管理业务比较熟悉并有丰富经验的单位来帮助建设。

首先，工程管理信息化系统的建设，需要配备相应的诸如计算机网络系统、服务器和网络工作站等硬件环境；其次，可以利用电子公告板、会议治理系统等共享信息系统，给工作人员提供有效的信息沟通渠道；再次，集中治理图纸、文件、资料等文档，保证文件资料的充分共享，规避重复现象；最后，采用集中式与分布式相结合的方法，建立中心工程管理数据库和各管理部门分布数据库。

3. 采用相应的建筑工程管理软件

建筑工程管理过程中使用相应的建筑工程管理软件，可以优化管理过程，提高管理水平。建筑工程管理软件包含了对人、材、机、资金等生产要素的管理，能够对建筑工程进行实时跟踪并控制建筑工程的成本、资金、合同、进度、分包、材料等，建筑工程管理软件的有效运用，是实现建筑工程信息化管理的最佳方案，能够有效实现工程数据信息化、施工流程规范化和领导决策科学化。建筑企业可以选用包含人员、材料、机械、承包、分包、财务等内容的管理模块，有计划、合同、进度、结算等内容的项目控制模块，以及有施工日志等功能的软件，来进行实时、准确的工程核算，做好计划与实际的盈亏分析工作，保证建筑施工过程的权责明确，明确资金的来龙去脉。

4. 培育工程管理信息化人才队伍

人力资源是企业经营管理的基础，建筑工程管理信息化建设同样也需要大量人才作为后盾。建筑工程管理信息化建设的加强，迫切需要一大批既懂得建筑工程管理、又掌握信息技术的复合型人才队伍，企业可以通过制定相应的政策，采取各种有效的方式，进行相关培训，提高工作人员的计算机应用水平，培养出适应建筑工程管理信息化发展所需的人才，成立相关的信息技术开发和应用团队，以满足建筑工程管理信息化的需要。

参考文献

［1］赵军生．建筑工程施工与管理实践［M］．天津：天津科学技术出版社，2022.

［2］张立华，宋剑，高向奎．绿色建筑工程施工新技术［M］．长春：吉林科学技术出版社，2022.

［3］黄海荣，袁炼．建筑装饰工程施工技术［M］．北京：北京航空航天大学出版社，2022.

［4］肖义涛，林超，张彦平．建筑施工技术与工程管理［M］．北京：中华工商联合出版社，2022.

［5］张瑞，毛同雷，姜华．建筑给排水工程设计与施工管理研究［M］．长春：吉林科学技术出版社，2022.

［6］王保安，樊超，张欢．建筑施工组织设计研究［M］．长春：吉林科学技术出版社，2022.

［7］付盛忠，金鹏涛．建筑工程合同管理［M］．第3版．北京：北京理工大学出版社，2022.

［8］张迪，申永康．建筑工程项目管理［M］．第2版．重庆：重庆大学出版社，2022.

［9］王东．单位工程施工组织设计指导书［M］．第2版．昆明：云南大学出版社，2022.

［10］樊培琴，马林，王鹏飞．建筑电气设计与施工研究［M］．长春：吉林科学技术出版社，2022.

［11］虞焕新，孙群伦．建筑工程技术实践［M］．沈阳：东北大学出版社，2022.

［12］游普元．建筑制图［M］．第2版．重庆：重庆大学出版社，2022.

［13］张雷，金建平，解国梁．建筑工程管理与材料应用［M］．长春：吉林科学技术出版社，2022.

［14］张晓涛，高国芳，陈道宇．水利工程与施工管理应用实践［M］．长春：吉林科学技术出版社，2022.

［15］胡凌云．建筑工程管理与工程造价研究［M］．长春：吉林科学技术出版社，2022.

［16］卢军燕，宋宵，司斌．装配式建筑 BIM 工程管理［M］.长春：吉林科学技术出版社，2022.

［17］贾亚军，刘峰．建筑工程材料实训手册［M］.重庆：重庆大学出版社，2022.

［18］刘俊岩，应惠清，刘燕．土木工程施工［M］.北京：机械工业出版社，2022.

［19］李树芬．建筑工程施工组织设计［M］.北京：机械工业出版社，2021.

［20］张志伟，李东，姚非．建筑工程与施工技术研究［M］.长春：吉林科学技术出版社，2021.

［21］子重仁．建筑工程施工信息化技术应用管理研究［M］.西安：西北工业大学出版社，2021.

［22］郭烽仁，孙羽．建筑工程施工图识读［M］.第 3 版．北京：北京理工大学出版社，2021.

［23］何相如，王庆印，张英杰．建筑工程施工技术及应用实践［M］.长春：吉林科学技术出版社，2021.

［24］郝加利，王光炎，姚洪文．建筑工程监理［M］.北京：北京理工大学出版社，2021.

［25］黄敏，吴俊峰．装配式建筑施工与施工机械［M］.第 2 版．重庆：重庆大学出版社，2021.

［26］李联友．工程造价与施工组织管理［M］.武汉：华中科技大学出版社，2021.

［27］高将，丁维华．建筑给排水与施工技术［M］.镇江：江苏大学出版社，2021.

［28］王君，陈敏，黄维华．现代建筑施工与造价［M］.长春：吉林科学技术出版社，2021.

［29］李小冬，李玉龙，曹新颖．建设工程管理概论［M］.北京：机械工业出版社，2021.

［30］王光炎，吴迪．建筑工程概论［M］.第 2 版．北京：北京理工大学出版社，2021.

［31］胡利超，高涌涛．土木工程施工［M］.成都：西南交通大学出版社，2021.

［32］刘哲．建筑设计与施组织管理［M］.长春：吉林科学技术出版社，2021.

［33］林大干，曲永昊，王云江．基坑工程施工管理与案例［M］.北京：中国建材工业出版社，2021.